Georg Schwedt
Chemie querbeet und reaktiv

**Beachten Sie bitte auch
weitere interessante Titel
zu diesem Thema**

Kreißl, F. R., Krätz, O.
Feuer und Flamme, Schall und Rauch
Schauexperimente und Chemiehistorisches
2008
ISBN: 978-3-527-32276-3

Roesky, H. W.
Glanzlichter chemischer Experimentierkunst
2006
ISBN: 978-3-527-31511-6

Roesky, H. W., Möckel, K.
Chemische Kabinettstücke
Spektakuläre Experimente und geistreiche Zitate.
1. korrigierter Nachdruck
1996
ISBN: 978-3-527-29426-8

Georg Schwedt **Chemie querbeet und reaktiv**

**Basisreaktionen
mit Alltagsprodukten**

WILEY-VCH Verlag GmbH & Co. KGaA

Autor

Prof. Dr. Georg Schwedt
Lärchenstr. 21
53117 Bonn

1. Auflage 2011

Alle Bücher von Wiley-VCH werden sorgfältig erarbeitet. Dennoch übernehmen Autoren, Herausgeber und Verlag in keinem Fall, einschließlich des vorliegenden Werkes, für die Richtigkeit von Angaben, Hinweisen und Ratschlägen sowie für eventuelle Druckfehler irgendeine Haftung.

Bibliografische Information der Deutschen Nationalbibliothek
Die Deutsche Nationalbibliothek verzeichnet diese Publikation in der Deutschen Nationalbibliografie; detaillierte bibliografische Daten sind im Internet über http://dnb.d-nb.de abrufbar.

© 2011 Wiley-VCH Verlag & Co. KGaA, Boschstr. 12, 69469 Weinheim, Germany

Alle Rechte, insbesondere die der Übersetzung in andere Sprachen, vorbehalten. Kein Teil dieses Buches darf ohne schriftliche Genehmigung des Verlages in irgendeiner Form – durch Photokopie, Mikroverfilmung oder irgendein anderes Verfahren – reproduziert oder in eine von Maschinen, insbesondere von Datenverarbeitungsmaschinen, verwendbare Sprache übertragen oder übersetzt werden. Die Wiedergabe von Warenbezeichnungen, Handelsnamen oder sonstigen Kennzeichen in diesem Buch berechtigt nicht zu der Annahme, dass diese von jedermann frei benutzt werden dürfen. Vielmehr kann es sich auch dann um eingetragene Warenzeichen oder sonstige gesetzlich geschützte Kennzeichen handeln, wenn sie nicht eigens als solche markiert sind.

Printed in the Federal Republic of Germany.

Gedruckt auf säurefreiem Papier.

Satz TypoDesign Hecker GmbH, Leimen
Druck und Bindung Fabulous Printers Pte Ltd, Singapore
Umschlaggestaltung Adam-Design, Weinheim

ISBN 978-3-527-32910-6

Inhaltsverzeichnis

Vorwort IX

1. Einführung 1

    1.1 *Von der chemischen Affinität zum Massenwirkungsgesetz* 1
        1. Einstellung chemischer Gleichgewichte und deren Verschiebung am Beispiel der Wirkung von Backpulver 10
        2. Das Kalk-Kohlensäure-Gleichgewicht 12
        3. Der Einfluss der Temperatur auf das Iod-Stärke-Gleichgewicht 13
    1.2 *Über den Verlauf chemischer Reaktionen* 15
        4. Schnelle Ionenreaktion am Beispiel des Anthocyan-Farbstoffs Rubrobrassin 22
        5. Langsame Reaktion am organischen Molekül: Ringöffnung am Anthocyan-Farbstoff Rubrobrassin 23

2. Säure-Base-Reaktionen 25

    2.1 *Säure-Base-Theorien von Tachenius bis Lewis* 25
    2.2 *Mit den Säuren geht es los: Vom Essig bis zur Benzoesäure* 32
        6. Historische Titration von Essigsäure mit Soda 34
        7. Essig mit Soda in Anwesenheit eines Indikators neutralisieren 34
        8. Freisetzung einer schwachen Säure aus ihrer Verbindung 37
        9. Reaktion von Essigsäure und Eisen bzw. Zink 38
        10. Flüchtigkeit von Säuren: Essigsäure (oder Ameisensäure) 38
        11. Die »Kohlensäure«: Kohlenstoffdioxid im Wasser 39
    2.3 *Laugen: Von der Waschsoda bis zum Rohrreiniger* 40
        12. Basische Salze und Produkte: Soda, Pottasche und Seife 42
        13. Umwandlung von Natron in Soda 43
        14. Erhitzen einer Lösung von Hirschhornsalz 45
    2.4 *Aus Säuren werden Salze: Vom Speise- bis zum Badesalz* 45
        15. Wasserlöslichkeit verschiedener Salze 51
        16. Löslichkeit und Reaktionen in Essigsäure 51
        17. Neutral, sauer oder basisch reagierende Salze 52
        18. Bromid in »Original Totes-Meer-Badesalz« 52
        19. Thermische Zersetzung von Salzen 53

3. Gasentwicklungen 54

3.1 *Entdecker von Gasen: Beispiele aus der Wissenschaftsgeschichte* 54
3.2 *Gasentwicklungen durch starke Säuren* 60
  20. Sprudelndes Mineralwasser 60
  21. Freisetzung von Kohlenstoffdioxid aus Salzen der »Kohlensäure« 61
  22. Kohlenstoffdioxid im Schaum gefangen 62
3.3 *Gasfreisetzung durch starke Basen* 63
  23. Ammoniak als Gas aus Hirschhornsalz 63
  24. Ammoniak aus Salmiakpastillen 64
3.4 *Gasentwicklung durch thermische Zersetzung* 64
  25. Thermische Zersetzung von Natron 65
  26. Zersetzung von Ammoniumcarbonat (Hirschhornsalz) 66

4. Fällungsreaktionen 67

4.1 *Fällung und Löslichkeit* 67
  27. Fällung von Calciumcarbonat aus einer gesättigten Calciumsulfat-Lösung 70
4.2 *Fällung von Carbonaten und Hydroxiden mit Soda* 73
  28. Fällung der Carbonate von Calcium und Magnesium aus Trinkwasser 74
  29. Fällung von Calciumcarbonat aus Mineralwässern 76
  30. Fällung von Calciumcarbonat aus Calcium-Brausetabletten 77
  31. Fällung von Eisenhydroxid 78
  32. Fällung von basischem Kupfercarbonat 80
  33. Fällung des Silbers aus Höllenstein 81
4.3 *Kalkseifen* 83
  34. Bildung von Kalkseifen 84

5. Lösungsvorgänge in Wasser und in organischen Lösemitteln 85

5.1 *Theorien zu den Eigenschaften von Lösemitteln* 85
5.2 *Wasser als Lösemittel* 87
  35. Lösungswärme beim Lösen eines Rohrreinigers in Wasser 88
  36. Löslichkeit von Citronensäure in Wasser bzw. Spiritus 89
  37. Mischbarkeit von Wasser mit organischen Lösemitteln 89
5.2 *Benzin und Spiritus als Lösemittel* 90
  38. Zur Mischbarkeit der Lösemittel Benzin und Spiritus 90
  39. Zur Löslichkeit spezieller organischer Säuren 91
  40. Verteilung von Iod zwischen Spiritus und Benzin 93
  41. Löslichkeiten von Naturstoffen zwischen zwei nicht mischbaren Flüssigkeiten 94

6. Oxidation und Reduktion   96

   6.1 *Theorien von der Phlogiston- bis zur Redox-Theorie*   96
   6.2 *Ascorbinsäure als Reduktionsmittel*   103
      42. Reduktion von Permanganat-Ionen   103
      43. Reduktion von Iod aus dem Verteilungsgleichgewicht Wasser/Benzin   105
      44. Reduktion von Iod aus dem Iod-Stärke-Komplex   105
      45. Reduktion von Silber-Ionen   106
      46. Disproportionierung von Iod in sodaalkalischer Lösung   106
   6.3 *Reduzierende Fleckenreiniger mit Dithionit*   107
      47. Reduktion von Permanganat-Ionen durch Dithionit im Entfärber   108
      48. Entfärben von Indigokarmin   109
      49. Reduktion von Silber-Ionen mit Dithionit   110
   6.4 *Reduktionen mit Wasserstoff*   110
      50. Reduktion von Permanganat-Ionen   111
      51. Reduktion von Indigoblau   112
   6.5 *Oxidationen mit Sauerstoff*   112
      52. Oxidation von Mangan(II)-Ionen   113
      53. Oxidation von Eisen(II)-Ionen   114
      54. Oxidation des *Indigo-Küpenfarbstoffes*   114
   6.6 *Chlor als Oxidationsmittel*   115
      55. Oxidation von Eisen(II)-Ionen   118
      56. Oxidation von Mangan(II)-Ionen   119
   6.7 *Redoxreaktionen mit Eisen-Ionen*   124
      57. Prüfung der Oxidationsstufen von Eisen in sauren Lösungen   124
      58. Oxidation von Eisen(II)-Ionen mit Permanganat-Ionen   125
      59. Reduktion von Eisen(III)-Ionen   126
   6.8 *Reduktion von Silber-Ionen und die elektrochemische Spannungsreihe*   127
      60. Reduktion von Silber-Ionen durch Eisen, Zink und Kupfer   128

7. Komplexchemie   129

   7.1 *Komplexchemie des Kupfers und Silbers*   130
      61. Bildung des Tetramminkomplexes mit Hirschhornsalz   131
      62. Kupferkomplexe mit Wein- oder Citronensäure   132
      63. Silber als Diamminkomplex   133
      64. Thioharnstoff als Komplexbildner im Silberbad   134

7.2 *Komplexchemie des Eisens* 134
    65. Eisen(III)-acetatokomplexe 135
    66. Eisenkomplexe mit Citronen- oder Weinsäure 136
7.3 *Calciumkomplexe – nicht nur im Wein* 136
    67. Calciumkomplexe in citronen- oder weinsaurer Lösung 137

8. Enzymatische Reaktionen 138

8.1 *Amylasen* 140
    68. Abbau der Stärke durch Amylasen 140
8.2 *Proteasen* 141
    69. Proteasen lösen Gelatine 141
8.3 *Lipasen* 142
    70. Abbau von Sonnenblumenöl 142
8.4 *Cellulasen* 143
    71. Weiterer Abbau von teilweise abgebauter Cellulose auf Zwiebelschale 143

9. Charakteristische Reaktionen: Das Pearson-Konzept 145

Literatur 149

Vorwort

Grundkenntnisse über die Eigenschaften von *Säuren, Basen* und *Salzen*, über die Vorgänge von *Oxidation* und *Reduktion*, die Prinzipien der *Komplexchemie* sowie – aus dem großen Bereich der organischen Chemie – über *Kohlenhydrate, Fette* und *Proteine* einschließlich der *Enzyme* sollten als Teil der Allgemeinbildung verstanden werden. Basisreaktionen bilden damit auch die Grundlage einer »chemischen Allgemeinbildung«.

Die Chemie ist eine Wissenschaft, die sich u. a. mit den Gesetzmäßigkeiten beschäftigt, die den Eigenschaften von Stoffen und deren Reaktionen zugrunde liegen. Ein Grundverständnis der Stoffeigenschaften und Stoffumwandlungen lässt sich auf anschauliche Weise mithilfe von Alltagsprodukten und ihren Inhaltsstoffen vermitteln: Viele Produkte sind aus Einzelsubstanzen zusammengesetzt, die eine bestimmte Reaktion hervorrufen sollen (beispielsweise Flecken- und Waschmittel, aber auch Backpulver).

In diesem Buch werden daher zwei Ziele verfolgt:
In jedem Kapitel werden die theoretischen Grundlagen der behandelten *Basisreaktionen* – von den Säure-Base-Reaktionen bis zu den enzymatischen Reaktionen – dargestellt und durch Ausflüge in die Wissenschaftsgeschichte lebendig gestaltet.

Anschließend werden Alltagsprodukte und ausgewählte Experimente vorgestellt, mit denen sich die Theorie in die Praxis umsetzen lässt. Sie haben die Aufgabe, sowohl die Prinzipien der Reaktionen erkennbar zu machen, als auch deren Bedeutung in der *Chemie des Alltags* zu veranschaulichen.

Chemiewissen als Kenntnis der Eigenschaften und Reaktionen von Stoffen, auf Produkte aus dem Supermarkt bezogen, verständlich zu machen, ist das Anliegen dieses Buches, das ich auch eine *Neue Schule der Chemie im Supermarkt* nennen möchte.

Die Ergebnisse der einfachen Versuche mit Alltagsprodukten werden überwiegend auch in *Gleichungssystemen* dargestellt, sodass zugleich eine Einführung in die *Formelsprache der Chemie* gegeben wird – stets mit dem Hinweis, dass es sich um *Gleichgewichtssysteme* handelt und ein *chemisches Verständnis* auch das *Denken in Gleichgewichten* (und deren Verschiebungen) beinhaltet.

Bonn, Januar 2011 *Georg Schwedt*

1 Einführung

1.1 Von der chemischen Affinität zum Massenwirkungsgesetz

Zwei skandinavische Wissenschaftler, der schwedische Mathematiker Cato Maximilian *Guldberg* (1836–1902) und der gebürtige Norweger Peter *Waage* (1833–1900), entwickelten in Oslo (damals Kristiania) 1864 ein grundlegendes physikalisch-chemisches Gesetz.

Guldberg wurde nach seinem Studium in Oslo 1860 Lehrer zunächst für Mathematik an der Königlichen Militärakademie, dann für angewandte Mathematik am Königlichen Militär-College. Zugleich lehrte er auch an der Universität, wo er 1869 zum Professor für angewandte Mathematik ernannt wurde.

Waage wurde als Sohn eines Reeders auf der Insel Hitter (Hidra) in Südnorwegen geboren, studierte ab 1854 zunächst Medizin, dann Chemie und Mineralogie an der Universität Oslo. Auf einer Studienreise 1859 hielt er sich auch für einige Zeit bei Robert Bunsen in Heidelberg auf. 1862 kehrte er nach Schweden zurück und erhielt 1866 den einzigen Lehrstuhl für Chemie an der Universität Oslo.

Ab 1862 arbeiteten die befreundeten (und verschwägerten) Wissenschaftler gemeinsam über das Problem der *chemischen Affinität*.

Der Begriff »Affinität« als Bezeichnung für eine Verwandtschaft (Beziehung) zwischen zwei miteinander reagierenden Stoffen wurde bereits im 13. Jahrhundert von *Albertus Mugnus* (gest. 1280 in Köln) verwendet. Das Konzept einer »auswählenden Affinität«, die nur von der Natur der reagierenden Substanzen abhängt, entwickelte 1775 der Schwede Torbern *Bergman* (1735–1784). Robert *Bunsen* (1811–1899) führte 1853 »Affinitätskoeffizienten« ein, die er als Proportionalitätsfaktoren zu einer »chemischen Kraft« bezeichnete. Aus ihnen wurden später die Konstanten der Reaktionsgeschwindigkeit.

Was man zur Zeit der beiden Wissenschaftler Guldberg und Waage unter *chemischer Kraft* verstand, hat allgemeinverständlich und anschaulich Julius Adolph *Stöckhardt* (1809–1886, Professor der Chemie an der Königlichen Akademie für Forst- und Landwirte zu Tharandt) in seinem weit verbreiteten Buch »Die Schule der Chemie oder erster Unterricht in der Chemie, versinnlicht durch einfache Experimente« (10. Auflage Braunschweig 1858) beschrieben:

> 5. *Chemische Kraft.* Glüht man ein Loth Eisen so lange, bis sich eine starke Rinde von Hammerschlag um dasselbe gebildet hat, und wägt es nachher, so wird man finden, daß es an Gewicht zugenommen hat: es muß also aus der Luft etwas Wägbares zu demselben getreten sein. Dieses Wägbare ist eine Luftart, die man Sauerstoff nennt; durch ihre Vereinigung mit dem Eisen wird sie fest, man ist aber im Stande, ihr durch andere chemische Processe die Luftform wieder zu geben. Läßt man den Hammerschlag an feuchter Luft längere Zeit liegen, so wird er allmälig zu Rost und wiegt nun abermals mehr als vorher: er hat Wasser und noch etwas Sauerstoff aus der Luft entzogen und sich damit verbunden. Der Hammerschlag besteht demnach aus Eisen und Sauerstoff [Eisen(II,III)-oxid: Fe_3O_4, schwarze ferromagnetische Kristalle], der Rost aus Eisen, Sauerstoff und Wasser [vorübergehend auch Eisen(II)-hydroxid, dann rotbraune Eisen(III)-oxidhydrate], welche sich auf's Innigste mit einander vereinigt, welche sich *chemisch* verbunden haben. Als die Ursache dieser Vereinigung, wie aller chemischen Veränderungen überhaupt, sieht man eine eigenthümliche Kraft an, welche man *chemische Kraft* oder *Verwandtschaft*, auch *Afffinität*, genannt hat, und man sagt von Körpern, welche die Fähigkeit besitzen, sich mit einander zu vereinigen: *sie haben Verwandtschaft zu einander*. Eisen hat sonach in der Glühhitze Verwandtschaft zum Sauerstoff der Luft, bei gewöhnlicher Temperatur aber auch noch zum Wasser. Ein Ducaten verändert weder seine Farbe noch sein Gewicht, man mag ihn glühen oder an feuchter Luft liegen lassen; wir schließen daraus, daß das Gold zum Sauerstoff und zum Wasser keine Verwandtschaft hat.

Stöckhardt fährt dann in diesem, seinem ersten Kapitel der *Schule der Chemie* mit einer Ausführung über die Bedeutung chemischer Experimente fort, die im Zusammenhang mit den Zielen dieses Buches ebenfalls im Originaltext zitiert werden soll (den Begriff Körper ersetze man nach unserem heutigen Sprachgebrauch durch Stoff, Substanz):

> 6. Eine Kraft lässt sich nicht sehen oder mit Händen fassen, wir bemerken sie nur an den Wirkungen, welche sie hervorbringt. Wollen wir wissen, ob ein Feuerstrahl magnetische Kraft habe, so

Abb. 1 Julius Adolph *Stöckhardt* (geb. 4.1.1809 in Röhrsdorf bei Meißen, gest. 1.6.1886 in Tharandt bei Dresden).

halten wir eine Nadel an denselben und versuchen, ob dieselbe angezogen wird oder nicht; wir schließen dann aus diesem Verhalten auf die Anwesenheit oder Abwesenheit von Magnetismus. Genau denselben Weg, den Weg durch *Versuche*, muß man einschlagen, um die chemischen Kräfte, die Verwandtschaften der Körper zu einander, kennen zu lernen. Jeder Versuch ist eine Frage, die man an einen Körper richtet, die Antwort darauf erhalten wir durch ein Erscheinung, d. h. durch eine Veränderung, die wir bald durch's Gesicht oder durch den Geruch, bald durch die übrigen Sinne wahrnehmen. Oben wurde die Frage an das Eisen und Gold gestellt: ob sie Verwandtschaft haben zum Sauerstoff? Das in Hammerschlag verwandelte Eisen gab eine bejahende Antwort auf diese Frage, das unveränderliche Gold eine verneinende. Jede Veränderung, jede neue Eigenschaft, die wir an einem Körper wahrnehmen, ist ein Buchstabe in der chemischen Sprache. Um diese leicht und gründlich zu erlernen, ist es daher vor Allem für den Anfänger ersprießlich, sich im Buchstabiren, d. h. im Anstellen von Versuchen zu üben. Hierzu Anleitung zu geben, ist der Zweck dieses Werkchens, in dem *vorzugsweise nur solche Versuche Platz gefunden haben, die einerseits leicht, gefahrlos und ohne große Kosten angestellt werden können, andererseits aber geeignet erscheinen, die chemischen Lehren und Gesetze daran zu erkennen und dem Gedächtnisse einzuprägen.*

Der letzte Satz (hervorgehoben vom Autor G.S.) gilt als auch für dieses Buch – mit der Ergänzung, dass für die einfachen und gefahrlosen Versuche vorwiegend Alltagsprodukte verwendet werden.

Am Beispiel eines Versuchs (Einleiten von Chlorgas in Wasser) sei Stöckhardts Darstellungsart von Reaktionsgleichungen und sein Verständnis von *Wahlverwandtschaft* demonstriert (Abb.2).

Stöckhardt schrieb zu diesem Versuch u. a.:

> Es waren nur drei Elemente vorhanden: die Bestandtheile des Wassers und Chlor; es ist klar, das Chlor hat sich mit dem Wasserstoff des Wassers zu Salzsäure verbunden, der Sauerstoff des Wassers aber ist frei geworden. Das Chlor hatte hier die Wahl zwischen dem Wasserstoff und Sauerstoff des Wassers; es wählte den ersteren, woraus erhellt, daß es eine *größere Verwandtschaft zum Wasserstoff* als zum Sauerstoff besitzt. Dieser Vorgang ist wieder ein Beispiel einer *einfachen Wahlverwandtschaft*...

(Siehe zum Chlor auch Kap. 6.6, zur Wahlverwandtschaft ein weiteres Beispiel in Kap. 4.1.)

Verfolgen wir nun die Entwicklungen von Guldberg und Waage bis zur Formulierung des bis heute gültigen *Massenwirkungsgesetzes* für *chemische Gleichgewichte*.

Die erste Veröffentlichung beider Wissenschaftler erschien zu diesem Thema in einer wenig verbreiteten norwegischen Zeitschrift 1864. Sie wurde von den Kollegen kaum beachtet. Auch die 1867 erfolgte Publikation in einer französischen Fachzeitschrift machte die Fachwelt noch nicht auf diese grundlegenden Untersuchungen aufmerksam. Erst eine Besprechung durch Wilhelm Ostwald im Journal für praktische Chemie 1877, in der er das Gesetz durch weitere Versuche bewies, führten zur einer allgemeinen Verbreitung und Anerkennung.

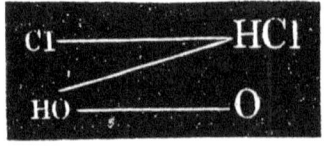

Abb. 2 Stöckhardts Darstellung der Reaktion zwischen Chlor und Wasser als *Wahlverwandtschaft*. (Aus: A. Stöckhardt, *Die Schule der Chemie*, »Chlorgas und Chlorwasser«, S. 155, 10. Aufl. 1858.)

Abb. 3 Wilhelm *Ostwald* (geb. 2.9.1853 in Riga, gest. 4.4.1932 in Großbothen bei Leipzig).

Wilhelm *Ostwald* (1853–1932) wurde in Riga geboren, studierte ab 1872 in Dorpat Chemie und wurde 1875 Assistent am Physikalischen Institut. Aus dieser Zeit stammt die angesprochene Veröffentlichung, die der Theorie von Guldberg und Waage zum Durchbruch verhalf. Unter dem Titel »Volumchemische Studien; von W. Ostwald, Assistent am physikalischen Cabinet zu Dorpat« erschien seine Arbeit, in der er zunächst Folgendes berichtet (Auszüge; *J. prakt. Chemie* (neue Folge) **8** (1877), S. 385–423):

> **1. Ueber die zwischen Säuren und Basen wirkende Verwandtschaft.**
> § 1. Die Gesetze der chemischen Verwandtschaft sind ein Problem, dessen Lösung man sich vor hundert Jahren näher glaubte, als heute. Denn noch vor Beginn des gegenwärtigen Zeitalters der Chemie, im letzten Viertel des vorigen Jahrhunderts, gab es eine Theorie der chemischen Verwandtschaft (die *Bergmann*'sche), welche alle zur Zeit bekannten Thatsachen umfasste und allgemein angenommen war. (...)

> (...) Das eben noch mit dem schönsten Erfolg bebaute Feld der Verwandtschaftslehre verödete dermassen, dass sechzig Jahre nach dem Erscheinen der statique chimique [1803 von Berthollet] *Hermann Kopp*, der verdiente Geschichtsschreiber unserer Wissenschaft, gestehen musste: ›Die Chemie hat gegenwärtig keine Verwandtschaftstheorie, nach welcher sich alle Erscheinungen consequent erklären liessen; deshalb hilft man sich mit abwechselnder Anwendung von Theorien, die eigentlich sich gegenseitig widersprechen.‹ [In: Buff, Kopp und Zamminer: Lehrbuch der physikalischen und theoretischen Chemie, 2. Abth., S. 99, 2. Aufl. 1863.]
>
> Bei diesem Missverhältnisse unserer Kenntnisse einerseits der Stoffe, die bei chemischen Vorgängen entstehen, andererseits der Kräfte, welche die letzteren bestimmen, ist es bis heute geblieben, wenn auch zugestanden werden muss, das in neuester Zeit das Interesse für die Fragen der Verwandtschaftslehre lebhafter geworden ist. Insbesondere ist bis zum Jahr 1867 keine Arbeit zu verzeichnen, die einen wesentlichen Fortschritt in Bezug auf Gesetze der chemischen Verwandtschaft enthielte;...

Damit beschreibt Ostwald den Stand der Wissenschaft vor der Veröffentlichung von Goldberg und Waage und schließt daran unmittelbar an:

> ...ich erspare mir deshalb die Darstellung derselben [die er in einer Fußnote zitiert hat; G.S.], um sofort auf die Schrift von *Guldberg* und *Waage*: Etude sur les affinités chimiques (Christiania, 1867) einzugehen, die *in der Geschichte der Verwandtschaftslehre Epoche macht* [Hervorhebung vom Autor G.S.]. Dieselbe enthält nicht sowohl eine vollständige Theorie der chemischen Verwandtschaft, als wesentlich die Lösung eines besonderen Problems, der Massenwirkung. Es ist aber diese Lösung so schön und einfach und so übereinstimmend mit den verschiedenartigsten Versuchen, dass obiges Urteil wohl gerechtfertigt ist.

In jedem Lehrbuch sowohl der Anorganischen als auch der Physikalischen Chemie gehört die Behandlung des chemischen Gleichgewichts, des *Massenwirkungsgesetzes*, zu den elementaren Kapiteln, die sich der Reaktionsgeschwindigkeit (mit Arrhenius' scher Gleichung), der Aktivierungsenthalpie und dem Gleichgewichtszustand widmen mit Sonderanwendungen wie dem Nernst'schen Verteilungssatz, dem Henry-Dalton'schen Gesetz, der elektrolytischen Dissoziation, dem Ostwald'schen Verdünnungsgesetz sowie der Beschleunigung der Gleichgewichtseinstellung (Katalysatoren) und der Verschiebung von Gleichgewichten (Prinzip von Le Chatelier).

Wilhelm *Ostwald* promovierte 1878 über »Volumchemische und optisch-chemische Untersuchungen« und erhielt 1882 eine Professur am Polytechnikum in Riga. Somit hatte ein noch nicht promovierter junger Nachwuchswissenschaftler bereits ein Jahr vor seiner Promotion den wissenschaftlichen Wert der Arbeit von Guldberg und Waage erkannt und in seiner Dissertation durch eigene Untersuchungen bestätigt und vertieft. Bereits 1887 wurde Ostwald auf den ersten und bis dahin einzigen speziellen Lehrstuhl für Physikalische Chemie an die Universität Leipzig berufen. 1906 verließ er die Universität und widmete sich als Privatgelehrter sowohl neuen experimentellen Forschungen zu einer praktisch anwendbaren Farbenlehre als auch schriftstellerischen Arbeiten in seinem Landhaus in Großbothen. 1909 erhielt er den Nobelpreis für Chemie.

Chemikern unserer Zeit ist er durch das *Ostwald'sche Verdünnungsgesetz* (für schwache Elektrolyte, 1888) sowie durch die *Ostwald'sche Stufenregel* in Erinnerung geblieben. Weitere wichtige Forschungen unternahm er auf dem Gebiet der Katalyse. 1890 führte er den Begriff der *Autokatalyse* ein. Er begründete 1887 die »Zeitschrift für Physikalische Chemie«, 1889 die Reihe »Klassiker der exakten Wissenschaften« und schrieb u. a. 1894 das grundlegende Lehrbuch »Die wissenschaftlichen Grundlagen der analytischen Chemie«, aus dem im Folgenden auch die Texte über die *Chemischen Gleichgewichte* zitiert werden.

In der 7. Auflage von 1920 schrieb Ostwald im 4. Kapitel über die »Theorie der Lösungen«:

> **§ 2. Chemische Gleichgewichte.**
> 6. Das Gesetz der Massenwirkung.
> Für das chemische Gleichgewicht kommen zwei Fälle in Frage: das homogene und das heterogene Gleichgewicht. Homogenes Gleichgewicht findet in Gebilden statt, die aus einer einzigen Phase bestehen, also in Gasen und homogenen Flüssigkeiten. Homogene feste Körper brauchen grundsätzlich nicht ausgeschlossen zu werden, kommen aber praktisch nicht in Betracht.
>
> Das Gesetz des homogenen Gleichgewichtes kann folgendermaßen ausgesprochen werden. Sei eine umkehrbare chemische Reaktion gegeben, die der allgemeinen chemischen Gleichung

$$m_1A_1 + m_2A_2 + m_3A_3 + \ldots \leftrightarrows n_1B_1 + n_2B_2 + n_3B_3 + \ldots$$

entspricht, wo das Zeichen $\leftrightarrows$ bedeuten soll, daß der Vorgang ebenso wohl der von links nach rechts, wie der von rechts nach links gelesenen Formel gemäß erfolgen kann, und bezeichnet man mit $\alpha_1, \alpha_2, \alpha_3 \ldots$ und $\beta_1, \beta_2, \beta_3 \ldots$ die Konzentration der Stoffe $A_1, A_2, A_3 \ldots$ und $B_1, B_2, B_3 \ldots$, während $m_1, m_2, m_3 \ldots$ und $n_1, n_2, n_3 \ldots$ die Zahl der an der Reaktion beteiligten Mole darstellt, so gibt [ergibt sich] folgende Gleichung

$$\alpha_1 m_1 \; \alpha_2 m_2 \; \alpha_3 m_3 \ldots = k \; \beta_1 n_1 \; \beta_2 n_2 \; \beta_3 n_3 \ldots,$$

wo k ein Koeffizient ist, welcher von der Natur der Stoffe und der Temperatur abhängt.

Die Konzentration wird berechnet, indem man angibt, wieviel Mole des betrachteten Stoffes in einem Liter Flüssigkeit enthalten sind. Unter einem Mol versteht man das in Grammen ausgedrückte Molargewicht des Stoffes.

Das Gesetz ist sehr allgemein. Wird als Konzentration die Menge des einzelnen Stoffes dividiert durch das Gesamtvolum(en) genommen, so muß man es als ein Grenzgesetz ansehen, das nur für verdünnte Lösungen gültig ist. Durch passende Definition der Konzentration könnte man es allgemeingültig machen, doch ist für konzentrierte Lösungen ein solcher allgemeingültiger Ausdruck noch nicht bekannt. Für unsere Zwecke ist die angegebene einfache Definition vollkommen ausreichend.

Als Stoffe, die an der Reaktion beteiligt sind, kommen alle in Betracht, die eine Umsetzung erfahren und ihre Konzentration ändern. Es gibt einzelne Fälle, wo zwar die erste dieser beiden Bedingungen erfüllt ist, nicht aber die zweite. Dies tritt insbesondere ein, wenn der Vorgang in einer Lösung erfolgt und das Lösungsmittel sich an ihm beteiligt. In solch einem Falle bleibt der betreffende Faktor α_m oder β_n konstant und kann mit dem Koeffizienten k vereinigt werden.

Wenn sich Ionen an der Reaktion beteiligen, so sind sie als selbständige Stoffe zu behandeln. Man darf also in den Gleichungen die elektrolytisch dissoziierten Stoffe nicht nach ihren gewöhnlichen

Formeln schreiben, sondern muß ihren Dissoziationszustand ausdrücken. Chlorkalium [Kaliumchlorid] in sehr verdünnter Lösung, wo dieses Salz vollständig dissoziiert ist, darf daher in einer solchen Gleichung nicht als KCl auftreten, sondern muß K' [K^+] + Cl' [Cl^-] geschrieben werden. (...)

Das oben in mathematischer Gestalt aufgestellte Gesetz ist nichts als die allgemeinste Form des vor mehr als hundert Jahren zuerst von Wenzel [Carl Friedrich Wenzel (1740–1793), Assessor am Oberhüttenamt Freiberg, Arkanist der Meißner Porzellanmanufaktur, Hauptwerk »Lehre von der Verwandtschaft der Körper« (1777)] aufgestellten Gesetzes der Massenwirkung, wonach die chemische Wirkung jedes Stoffes proportional seiner wirksamen Menge oder seiner Konzentration ist. Man darf gegenwärtig dies Gesetz als ein allgemein zutreffendes ansehen, nachdem es insbesondere in den letzten Jahren eine außerordentlich mannigfaltige und vielseitige Bestätigung erfahren hat. Einige Ausnahmen, welche früher vorhanden zu sein schienen, haben sich durch die Dissoziationstheorie und die aus ihr fließende Forderung, die Ionen als selbständige chemische Stoffe zu behandeln, bestätigen lassen, so daß auch in dieser Beziehung die Theorie der elektrolytischen Dissoziation eine wesentliche Lücke in dem Gebäude der theoretischen Chemie zu schließen ermöglicht hat.

Die einzige Beschränkung, welcher die Ionen bezüglich ihrer Freiheit unterliegen, liegt darin, daß positive und negative Ionen stets und überall in äquivalenter Menge vorhanden sein müssen. Eines besonderen Ausdruckes bedarf diese Beschränkung in den Formeln nicht; sie gibt nur eine Bedingungsgleichung zwischen den Konzentrationen der verschiedenen Ionen, die man gewöhnlich von vornherein in den Koeffizienten zum Ausdruck bringen kann.

Dieser vor über 100 Jahren verfasste Text (bereits in der ersten Auflage von 1894 vorhanden) ist inhaltlich noch heute gültig. Und so stehen Ausführungen zum Massenwirkungsgesetz am Anfang eines jeden Lehrbuches der Anorganischen Chemie, beispielsweise des Standardwerkes von *Hollemann/Wiberg*, und sie bilden auch die Grundlage der quantitativen Analytik.

Einfache Experimente zum Massenwirkungsgesetz bzw. zum chemischen Gleichgewicht

Versuch Nr. 1 **Einstellung chemischer Gleichgewichte und deren Verschiebung am Beispiel der Wirkung von Backpulver**

Materialien Weinstein-Backpulver, Teelöffel, 50-mL-Erlenmeyerkolben (oder Becherglas), Plastikpipette, Heizplatte, Rotkohlextrakt (wässrig, als Indikator), Stärke

Durchführung Das gleiche Volumen an Rotkohlextrakt wird in zwei Gläsern auf etwa 40 bis 50 mL mit Wasser verdünnt. Dem einen Glas fügt man einen halben (gestrichenen) Teelöffel Stärke, dem anderen etwa die doppelte Menge Weinstein-Backpulver hinzu und rührt jeweils kurz um.

Nachdem die Gasentwicklung beendet ist (nach einigen Minuten), wird nochmals umgerührt und die Lösung mit dem Backpulver dann auf einer Heizplatte bis kurz vor dem Sieden erwärmt.

Beobachtungen Aus dem Backpulver entstehen langsam und nach und nach Gasblasen. Die Farbe des Rotkohlextraktes verändert sich im Vergleich zur Lösung mit Stärke von Violett (oder auch Blauviolett) zu einem immer deutlicheren Rot.

Im Verlauf des Erwärmens kehrt die Ursprungsfarbe des Rotkohlextraktes wieder zurück, der Rotton verschwindet.

Erläuterungen Weinstein-Backpulver setzt sich aus Stärke (meist Maisstärke aus ökologischem Landbau), Monokaliumhydrogentartrat (Weinstein) und Natriumhydrogencarbonat zusammen. Die Stärke hat die Funktion, Wasser (Feuchtigkeit) zu binden, um eine vorzeitige (unerwünschte) Reaktion zu vermeiden. Die Reaktion lässt sich in Teilschritten wie folgt formulieren:

1. Dissoziationsgleichgewicht von Monokaliumhydrogentartrat:

$$KOOH–CH(OH)–CH(OH)–COOH + H_2O \leftrightarrows H_3O^+ + K^+ + {}^-OOH–CH(OH)–CH(OH)–COO^-$$

2. Dissoziationsgleichgewicht von Natriumhydrogencarbonat im Wasser:

$NaHCO_3 \leftrightarrows Na^+ + \mathbf{HCO_3^-}$

3. *Reaktiv sind die hydratisierten Wasserstoff-Ionen (Oxonium-Ionen) und Hydrogencarbonat-Ionen (in 1. und 2. fett gedruckt):*

$\mathbf{H_3O^+} + \mathbf{HCO_3^-} \leftrightarrows H_2O + CO_2$

Kohlenstoffdioxid löst sich (zum Teil) in Wasser und führt zur Verschiebung des Gleichgewichtes von rechts nach links (fett gedruckt).

Vereinfacht man in der Diskussion die Reaktion auf das 3. Gleichgewicht, so spielt hier nicht nur die von Ostwald genannte homogene Lösung ein Rolle, sondern es tritt wegen des Übergangs von Kohlenstoffdioxid in die Gasphase auch noch ein heterogenes System auf.

Zunächst beobachtet man, dass offensichtlich die Konzentration an Oxonium-Ionen überwiegt, denn der Rotkohlextrakt färbt sich rot (saurer pH-Wert).

4. Nach dem Abklingen der Gasentwicklung gilt folgendes Gleichgewicht:

$CO_2 + 2\ H_2O \leftrightarrows \mathbf{HCO_3^-} + \mathbf{H_3O^+}$

Aufgrund der beobachteten Indikatorreaktion kann gefolgert werden, dass das Gleichgewicht auf der rechten Seite liegt.

5. *Verschiebung des Gleichgewichts beim Erwärmen:*
Beim Erwärmen verschiebt sich das Gleichgewicht (4.) wieder auf die linke Seite, und zwar weitgehend vollständig, sodass das gebildete Kohlenstoffdioxid aus dem Gleichgewicht durch den Übergang aus der wässrigen in die Gasphase entfernt wird. Ein Gleichgewicht zwischen wässriger und gasförmiger Phase würde dann auftreten, wenn die Gasphase durch eine Gefäßwand begrenzt wäre, was hier nicht der Fall ist.

Überträgt man diese differenzierten Vorgänge auf den *Backprozess*, so ist das Ergebnis folgendes:
Infolge der aus dem Weinstein durch Dissoziation (temperaturabhängig) entstandenen Oxonium-Ionen verschiebt sich das Gleichgewicht zwischen Hydrogencarbonat-Ionen und Kohlenstoffdioxid zum Letzteren. Dieses wird durch die Temperaturerhöhung beim Backen

(und infolge des geringen, für die Löslichkeit bestimmenden Wasservolumens) als Gas freigesetzt und lockert beim Durchtreten durch den Teig diesen wie gewünscht auf.

Das Beispiel aus der Praxis kann wie dargestellt zu einer differenzierten und vertiefenden Betrachtung und Anwendung chemischer Gleichgewichte auf anschauliche Weise alltagsnah eingesetzt werden.

Versuch Nr. 2 Das Kalk-Kohlensäure-Gleichgewicht

Materialien

Mineralwasser (mit »Kohlensäure« und mehr als 100 mg/L Calcium), Rotkohl-Extrakt (als Indikator), 50-mL-Erlenmeyerkolben, 50-mL-Messzylinder, Thermometer, Heizplatte

Durchführung und Beobachtungen

Der Erlenmeyer-Kolben wird mit 20 mL Mineralwasser gefüllt. Dann tropft man so viel Rotkohl-Extrakt hinzu, dass die Farbe deutlich erkennbar ist. Anschließend wird das Mineralwasser auf der Heizplatte bis zum Sieden erhitzt. Wenn eine Trübung auftritt, bricht man das Erhitzen ab und kühlt unter fließendem Wasser ab.

Nachdem die Temperatur auf unter 30 °C gesunken ist, ermittelt man das Volumen des getrübten Mineralwassers im Messzylinder und gießt dann das Wasser in den Erlenmeyer-Kolben zurück. Zum Abschluss des Versuches fügt man das gleiche Volumen an frischem Mineralwasser hinzu, ohne dass dabei viel an gelöstem Gas verlorengeht. Mithilfe des Thermometers wird vorsichtig solange umgerührt, bis die Trübung fast vollständig verschwunden ist.

Erläuterungen

Der Versuch demonstriert das in der Natur zu beobachtende *Kalk-Kohlensäure-Gleichgewicht* als ein Gleichgewicht zwischen Carbonat- und Hydrogencarbonat-Ionen, von denen die Carbonat-Ionen (im Unterschied zu den Hydrogencarbonat-Ionen) mit Calcium-Ionen eine in Wasser schwer lösliche Verbindung bilden. Zugrunde liegt folgende Gleichung:

$$CaCO_3\downarrow + CO_2 + H_2O \leftrightarrows Ca^{2+} + 2\,HCO_3^-$$

Beim Erhitzen der Lösung verschiebt sich das Gleichgewicht infolge der Freisetzung von Kohlenstoffdioxid wieder nach links – Calciumcarbonat fällt aus. Auf dieser Reaktion beruhen die Abscheidung von

Kesselstein in Kochtöpfen aus kalkhaltigem (hartem) Trinkwasser und die Bildung von *Tropfsteinen* in Tropfsteinhöhlen (*Stalaktiten* von der Höhlendecke abwärts wachsend und *Stalagmiten* vom Boden aufwärts wachsend) beim Verdunsten des harten Wassers aus Kalkgebirgen.

Versuch Nr. 3 — Der Einfluss der Temperatur auf das Iod-Stärke-Gleichgewicht

Materialien

Stärke (Kartoffelmehl), 50-mL-Erlenmeyerkolben, 0,2%ige Iodlösung (Povidon-Lösung aus der Apotheke mit entmin. Wasser verdünnt), Plastikpipette, Heizplatte, Thermometer

Durchführung

Eine geringe Menge an Stärke wird mit 30 mL Wasser zu einer schwach milchigen Suspension angerührt. Dann fügt man unter Umschwenken des Gefäßes tropfenweise Iodlösung hinzu bis die zunächst blaue Färbung einen Grünton annimmt.

Danach wird die Suspension auf der Heizplatte erwärmt, bis die Blaufärbung verschwindet.

Die erhitzte Lösung lässt man danach unter fließendem kaltem Wasser abkühlen.

Beobachtungen

Beim Erhitzen der blaugrünen Suspension verschwindet die Farbe bei etwa 58 °C weitgehend bis auf einen schwachen Gelbton. Nach dem Abkühlen tritt die blaue Farbe unter 40 °C wieder auf.

Erläuterungen

Eine nur *geringe* Menge an Stärke ist erforderlich, damit kein zu deutlicher Effekt der Stärkeverkleisterung die Iod-Stärke-Reaktion überlagert.

Die Temperaturen hängen von der Art der Stärke bzw. des verwendeten Produktes ab. Der Versuch kann daher bei der Verwendung unterschiedlicher Stärkeprodukte (Kartoffel-, Weizen-, Mais- oder modifizierter Kartoffelstärke wie in einem »Sahnesteif«-Produkt) auch unterschiedliche Temperaturen ergeben.

Unter Anwendung des Massenwirkungsgesetzes lässt sich für das Iod bei Anwesenheit von Iodid-Ionen folgendes Gleichgewicht formulieren:

$$I_2 + I^- \rightleftharpoons I_3^-$$

Iod-Moleküle lagern Iodid-Ionen zu einem negativ geladenen Komplex an, dieser bildet mit Stärke einen Komplex:

$I_{3(w)}^-$ (gelb) ⇌ I_3^--Stärke-Komplex (blau)

Exakter ist folgende Aussage:

In die Amylose, den unverzweigten und in Wasser löslicheren Anteil von Stärke (verzweigter Anteil: Amylopektin), dringen I_3^--Ionen ein, und zwar in den hydrophoben Hohlraum der Amylose-Helix, wo sie sich linear anordnen und entlang der Amylosekette (mit weiteren Iod-Molekülen) längerkettige Polyiodid-Strukturen bilden wie $[I_5]^-$ oder $[I_9]^-$ (aus 3 bzw. 4 Einheiten I_2 und I^-). Die hydrophobe innere Oberfläche der Amylosehelix weist eine Spirale von Wassermolekülen auf. Die intensive Blaufärbung ist auf eine Elektronen-Donor-Akzeptor-Wechselwirkung zwischen diesem Wasserfilm und den Polyiodiden (und auf eine Deformation der Elektronenhülle des Iods) zurückzuführen.

Die zu beobachtende grüne Farbe tritt dann auf, wenn ein Überschuss an Iod (im Wasser gelöst) neben der blauen Einschlussverbindung besteht (Mischfarbe aus Gelb und Blau).

Beim Erwärmen wird das Iod bzw. das Polyiodid-Ion aus der Stärkehelix infolge einer »Entspiralisierung« der Amylose verdrängt und liegt dann nur im Wasser gelöst vor (linke Seite des Gleichgewichts).

Beim Abkühlen stellt sich ein neues Gleichgewicht unter Bildung des Iod-Stärke-Komplexes (verbunden mit einer »Respiralisierung« der Amylose) ein.

Julis Adolph *Stöckhardt* (s. oben) schrieb zu diesem Experiment in der »Schule der Chemie oder Erster Unterricht in der Chemie, versinnlicht durch einfache Experimente« (10. Aufl., 1858):

> 1 Gran Stärke wird in einem Probirgläschen mit 1 Quentchen Wasser gekocht und der entstandene dünne Kleister mit einigen Tropfen Jodtinctur versetzt: *das Jod verbindet sich mit der Stärke; die Verbindung ist tiefblau*. Beim Kochen verschwindet die blaue Farbe, sie kehrt aber beim Erkalten wieder zurück. Mischt man 1 Tropfen des Stärkekleisters mit 1 Kanne Wasser, so erhält man ohngefähr eine millionfache Verdünnung; selbst diese erhält durch Jodtinctur nach einen violetten Schein. Jod ist demnach ein äußerst empfindliches

Reagens auf Stärkemehl, und umgekehrt Stärke auf Jod. Ein Tropfen Jodtinctur, auf Mehl, Brot, Kartoffeln u. s. w. geträufelt, zeigt uns sofort an, daß sich Stärke in diesen Körpern befindet.

[*Gran* ca. 0,06 g; *Quentchen*: ausgehend von »Gewichtsmark« 1 M = 8 Unzen = 64 Quentchen; 2 M = 1 Pfund = ca. 357,7 g; 1 Quentchen ist somit ca. 2,8 g (hier 2,8 mL); *Kanne*: sehr unterschiedlich gebrauchte Maßeinheit, ab Gründung des Deutschen Reiches 1 Liter gleichgesetzt; hier als »millionfache Verdünnung« ca. 20 Liter in Bezug auf 2,8 mL!]

1.2 Über den Verlauf chemischer Reaktionen

Auch in diesem Teil der Einführung greife ich zunächst auf das grundlegende Buch von Wilhelm *Ostwald* (Ausgabe 1920) zurück. Unter der Überschrift »§ 3. Der Verlauf chemischer Vorgänge« behandelt er die Geschwindigkeit chemischer Reaktionen:

14. Reaktionsgeschwindigkeit.

Neben der Kenntnis des Gesetzes der chemischen Gleichgewichtszustände bedarf der Analytiker [und nicht nur dieser; G.S.] noch der des *Verlaufes* chemischer Vorgänge. Denn wenn auch die meisten analytisch verwertbaren Vorgänge Ionenreaktionen sind, welche in unmessbar kurzer Zeit zu Ende gehen, so kommen doch einzelne Prozesse vor, welche nicht in diese Gruppe gehören, und zu deren Beurteilung jene Kenntnis erforderlich ist.

Für die Geschwindigkeit einer Reaktion gilt ein ähnlicher Ausdruck, wie er für das Gleichgewicht aufgestellt worden ist, wie denn der Gleichgewichtszustand in der Tat sich als der Zustand definieren läßt, in welchem die Geschwindigkeit der entgegengesetzt verlaufenden Vorgänge gleich groß geworden ist. Es ist nämlich die Geschwindigkeit eines Vorganges direkt proportional der Konzentration jedes beteiligten Stoffes, wobei, wenn mehrere Molekeln eines Stoffes beteiligt sind, seine Konzentration auf die entsprechende Potenz zu erheben ist. Unter der Geschwindigkeit des Vorganges wird dabei das Verhältnis der umgewandelten Stoffmenge zu der dabei verlaufenden Zeit verstanden. Die Stoffmengen sind hier wie immer nicht in absoluten Gewichtsmengen, sondern nach Molen zu rechnen.

> Die verschiedenen Fälle des Reaktionsverlaufes, wie sie, sich je nach der Zahl der reagierenden Stoffe und je nach der Zahl der reagierenden Stoffe und je nach ihrem ursprünglichen Mengenverhältnis gestalten, haben das Gemeinsame, daß sie mit dem größten Wert der Geschwindigkeit beginnen, worauf die Geschwindigkeit immer kleiner wird. Sie geben sämtlich das theoretische Resultat, daß die Reaktion erst nach unendlich langer Zeit vollständig wird. Für die praktische Anwendung kann man sich die Regel merken, daß nach einer Zeit, die zehn- bis zwanzigmal so groß ist, wie die zum Ablauf der Hälfte der Reaktion erforderliche, der noch ausstehende Rest unter den Betrag des Meßbaren herabgegangen zu sein pflegt.«

Zu Beginn dieses Kapitels stellte Ostwald fest, dass *Ionenreaktionen in unmessbar schneller Zeit zu Ende gehen*. Bis in die 1960er Jahre galt diese Aussage als korrekt. In den Standardlehrbüchern der Physikalischen Chemie stand noch der Satz, dass Neutralisationen unmessbar schnell verlaufen. 1967 erhielt der Göttinger Wissenschaftler Manfred *Eigen* (Jahrgang 1927), Direktor am damaligen Max-Planck-Institut für Physikalische Chemie, mit zwei englischen Kollegen den Nobelpreis für seine Arbeiten über Untersuchungsmethoden, die es ermöglichen, in sehr kurzen, bisher nicht messbaren Zeiträumen ablaufende chemische Reaktionen zu verfolgen.

Erst die von Eigen entwickelten Messmethoden haben es möglich gemacht, den Verlauf und die Geschwindigkeit von Reaktionen zu ermitteln, die »schnell« im Vergleich mit der Auflösungsgeschwindigkeit unseres sinnlichen Wahrnehmungsvermögens verlaufen, im Vergleich mit der Geschwindigkeit also, in welcher eine Reaktion von unserem Auge noch registriert werden kann. »Unmessbar schnell« sind sie deshalb, weil die Zeit, die notwendig ist, um die Reaktion auszulösen (im Falle der Neutralisation von Salzsäure mit Natronlauge das Mischen der Ausgangsstoffe), um einige Zehnerpotenzen länger ist, als die eigentliche Reaktion dauert.

Obwohl sinnvolle Vorrichtungen konstruiert wurden, um den Vorgang des Vermischens auf Bruchteile einer Sekunde zu reduzieren, gelang es jedoch nicht, in den Bereich vorzustoßen, in welchem sich der Neutralisationsvorgang abspielt. Oxonium- und Hydroxyid-Ionen sind die eigentlichen Verantwortlichen für die allgemeinen Eigenschaften von Säuren bzw. Basen (s. Kap. 2). Sie vereinigen sich bei der Neutralisation zu Wasser. Außer der Stoffumsetzung, hier einer Ionenreaktion, erfolgt gleichzeitig eine Umsetzung von Energie. Es wird Energie frei, im Fall der Neutralisation in Form von Wärme, die bei konzentrierten Lösungen von Säuren und Basen sehr deutlich spürbar wird.

Der Energieumsatz ist die Voraussetzung für das Zustandekommen einer chemischen Reaktion überhaupt. Bildlich dargestellt befinden sich Ausgangsstoffe und Endprodukte einer Reaktion auf unterschiedlich hohen Plattformen (Niveaus) im Hinblick auf ihren Energieinhalt, wobei das Energieniveau der Endprodukte niedriger liegen muss als das der Ausgangsstoffe, damit eine Reaktion unter Freiwerden von Energie überhaupt zustande kommen kann. Zwischen diesen Plattformen befindet sich ein mehr oder weniger hoher Berg, der überschritten werden muss. Er charakterisiert einen energiereichen Übergangskomplex der Reaktionspartner, der bei Aufnahme von sogenannter Aktivierungsenergie gebildet wird. Dieser Komplex kann entweder unter Abgabe der aufgenommenen Energie wieder in die Ausgangsstoffe zerfallen oder aber durch Abgabe einer größeren Energiemenge in das Endprodukt übergehen. Fassen wir das bisher Beschriebene über den Ablauf einer chemischen Reaktion zusammen, so ergibt sich im Zeitlupentempo folgendes Bild:
Bei einer Reaktion zwischen Ionen vereinigen sich die entgegengesetzt geladenen Teilchen, im Fall der Neutralisation die Oxonium- und Hydroxid-Ionen, zu einem neutralen Molekül, hier dem Wasser. Nachdem die positiv und negativ geladenen Ionen zueinander gefunden haben (sie werden in ihrer Bewegung durch den Zusammenstoß mit Wassermolekülen und Ionen ununterbrochen gestört), entsteht zunächst ein Übergangs- oder Begegnungskomplex, der mehr Energie sowohl als die Ionen selbst als auch als das entstehende neutrale Molekül besitzt. Unter Abgabe von Energie geht dieser Komplex in die endgültige chemische Verbindung, hier das Wasser, über; ein Teil könnte theoretisch auch wieder in die beiden Ionen zerfallen.

Der eigentliche Vorgang der Neutralisation, also die Vereinigung von Oxonium- und Hydroxid-Ionen zu Wasser, spielt sich innerhalb von 10^{-10} bis 10^{-11} Sekunden ab. Um sich von dieser äußerst geringen Zeitspanne ein ungefähres Bild zu machen, denke man an folgende Relation: 10^{-10} Sekunden (0,1 Nanosekunden) verhalten sich zu einer Sekunde wie eine Sekunde zu etwa 320 Jahren.

Die Gesamtgeschwindigkeit einer Reaktion wird in der Chemie als die pro Zeiteinheit gebildete Menge an Endprodukten verstanden. Sie ist geringer als zum Beispiel für sich genommen die Geschwindigkeit der Vereinigung zweier einzelner Ionen zu einer neutralen Verbindung, weil ein Teil der bereits gebildeten Verbindung in einer rückläufigen Reaktion (s. Kap. 1.1 über chemische Gleichgewichte), hervorgerufen durch Zusammenstöße mit Molekülen und Ionen, wieder in die einzelnen Ionen zerfällt. Diesen rückläufigen Vorgang bezeichnet man allgemein als Zerfall, in diesem Fall als Dissoziation des neutralen Moleküls Wasser in die Ionen:

$H_3O^+ + OH^- \rightleftarrows 2\,H_2O$

Die für den Beobachter von außen durch die Messung der Zunahme der Reaktionsprodukte (oder der Abnahme der Ausgangsstoffe oder Reaktanden) erkennbare Reaktionsgeschwindigkeit ist also die Differenz zwischen der Geschwindigkeit der Reaktion, die zu den Endprodukten führt, und der Geschwindigkeit des Zerfalls dieser Endprodukte.

Haben sich beide Teilreaktionen, die gleichzeitig nebeneinander ablaufen, eingependelt, so scheint dem Betrachter die Reaktion zum Stillstand gekommen zu sein. Das System befindet sich im chemischen Gleichgewicht, einem *dynamischen Gleichgewicht*. Bezeichnen wir die Moleküle und Ionen als Mikrosystem, so laufen in ihm ständig Reaktionen ab, obwohl das Makrosystem dem Betrachter in Ruhe erscheint, da sich die pro Zeiteinheit gebildete Menge an Reaktionsprodukten nicht ändert. Diese Tatsache – dass eine chemische Reaktion bis zur Einstellung eines chemischen Gleichgewichtes sichtbar abläuft (s. Kap. 1.1 zum chemischen Massenwirkungsgesetz) – war der Ausgangspunkt für die Messmethoden von Eigen zur Betrachtung und quantitativen Beschreibung zuvor unmessbar schneller Reaktionen.

Beeinflusst werden die Reaktionsgeschwindigkeit und auch die Lage des Gleichgewichtes durch eine Reihe von Faktoren, zum Beispiel durch die Konzentration der Reaktionspartner und die Temperatur, die im Reaktionsmedium herrscht. Je mehr Teilchen eines Ausgangsstoffes sich in einer Volumeneinheit befinden, d. h. je größer die Konzentration des Stoffes ist, um so größer ist auch die Wahrscheinlichkeit, dass zwei Teilchen sich treffen, miteinander reagieren und schließlich ein Produkt bilden. Bei einer Erhöhung der Konzentration entsteht demnach auch eine größere Menge Produkt pro Zeiteinheit; die Reaktionsgeschwindigkeit gemäß der genannten Definition wird somit erhöht. Zu unterscheiden von dieser Gesamtgeschwindigkeit einer Reaktion – der Bruttogeschwindigkeit, die ein Beobachter von außen registriert – ist die tatsächliche Geschwindigkeit, mit der zwei Teilchen sich zu einer neuen Verbindung vereinigen.

Bei einer Erwärmung des Mediums, also bei Energiezufuhr, wird die Bewegung der Ausgangsstoffe intensiviert und dadurch wiederum in den meisten Fällen die Reaktionsgeschwindigkeit erhöht. Die Bruttogeschwindigkeiten zahlreicher Reaktionen ließen sich auch vor Eigens Arbeiten bestimmen, jedoch war man über die besonders interessanten Vorgänge, die sich zwischen einzelnen Molekülen oder Ionen in kürzesten Zeiträumen abspielen, völlig im Unklaren.

Das Prinzip der von Eigen entwickelten und angewendeten Verfahren besteht in der Störung des für die Reaktion charakteristischen chemischen Gleichgewichts.

Diese Störung erfolgt für einen sehr kurzen Moment; sie hat eine Verschiebung des Gleichgewichts zur Folge und erzeugt eine sogenannte *Überschussreaktion* in einer bestimmten Richtung. Bei der Neutralisation könnte durch eine solche Störung beispielsweise die Dissoziation des Wassers in die Ionen verstärkt werden. Hört die Störung auf, so klingt die Überschussreaktion bei der nun erfolgenden Wiederherstellung des Gleichgewichtes ab. Im Prinzip wird also in ein Reaktionssystem ein Signal geschickt, das aufgrund der Energie, die es dem System für eine kurze Zeit zuführt, eine Verschiebung des Gleichgewichts hervorruft. Nach der Beendigung der Störung empfängt man aus dem System das Signal, das durch die Wiederherstellung des Gleichgewichts entsteht.

So einfach diese Methode in den Grundgedanken auch erscheint, so schwierig ist ihre messtechnische Verwirklichung und Anwendung. Als Auslösungssignale dienen meist mechanische oder elektrische Mikrowellen. Schwierigkeiten technischer Art ergaben sich unter anderem bei der Registrierung solcher Signale.

Wenden wir uns zunächst der Vorgeschichte der Eigen'schen Messmethoden zu, so stoßen wir auf Untersuchungen über die Schallabsorption in wässrigen Elektrolyt-, d.h. Salzlösungen, die im 3. Physikalischen Institut der Universität Göttingen Anfang der 1950er Jahre durchgeführt wurden. Technisch wichtig waren diese Experimente im Hinblick auf Entfernungsmessungen in Salzwasser durch die Schallotung. Man stellte dabei fest, das Ultraschall bestimmter Wellenlängen durch das Meerwasser wesentlich stärker absorbiert wurde als durch reines (destilliertes) Wasser. Als Urheber dieser Schallabsorption erwies sich das Magnesiumsulfat. Im Labor wurden diese Experimente folgendermaßen durchgeführt: Man ließ auf eine Lösung des Salzes Schall bestimmter Stärke und Frequenz einwirken und bestimmte, inwieweit dieser Schall nach dem Durchgang durch die Lösung geschwächt (wie viel Schallenergie absorbiert) worden war. Die Frequenz des Schalls wurde dabei verändert, und so erhielt man ein Diagramm, das die Abhängigkeit der Schallabsorption von der Frequenz des Schalls darstellte. Im Falle der Magnesiumsulfat-Lösung erhielt man ein Spektrum mit zwei voneinander getrennten Absorptionsmaxima. Bis zu den im Anschluss an diese Arbeiten von Eigen und seinen Mitarbeitern durchgeführten Untersuchungen wusste man nicht, auf welche Ursache die Energieabgabe der Schallwellen zurückzuführen ist.

Messungen mit Lösungen eines anderen Magnesiumsalzes und eines anderen Sulfats zeigten schon bald, dass die Magnesium- und Sulfat-Ionen allein nicht für die Absorption des Schalls verantwortlich sein konnten, sondern dass es sich um eine Wechselwirkung zwischen Magnesium-Ionen, Sulfat-Ionen und dem Wasser handeln musste. Nun ist das Magnesium-Ion in wässriger Lösung mit einer Hülle von Wassermolekülen umgeben, die in Form eines Komplexes an das zentrale Magnesium-Ion gebunden sind. In diesem Verband eines Ions mit Wassermolekülen, einem Aquakomplex, werden bei Einwirkung des Ultraschalls schrittweise die gebundenen Wassermoleküle durch Sulfat-Ionen ersetzt. Das gemessene Spektrum konnte also die Klärung einer chemischen Reaktion, nämlich der schrittweisen Substitution von Wassermolekülen aus dem Magnesium-Aquakomplex durch Sulfat-Ionen, herbeiführen.

Die aus diesen Experimenten weiter- und neuentwickelten Messverfahren zur allgemeinen Untersuchung chemischer Reaktionen werden als *Relaxationsverfahren* bezeichnet. Eine Schallwelle, physikalisch gesehen eine periodisch in der Luft fortschreitende Druckänderung, wirkt auf ein chemisches System, das in Form einer wässrigen Lösung vorliegt. Die Einwirkung der Druckänderung auf das in der Lösung herrschende chemische Gleichgewicht hat eine mit endlicher Geschwindigkeit ablaufende chemische Überschussreaktion in einer Richtung zur Folge. Verläuft nun die Druckänderung sehr langsam im Vergleich zur chemischen Reaktion, über die man Näheres erfahren will, so folgt das gesamte System, das aus den Ausgangsstoffen, Produkten, Lösemittelmolekülen und den infolge des Übergangskomplexes gebildeten Zwischenstufen besteht, diesen Änderungen ohne Verzögerung.

Für die reaktionskinetischen Untersuchungen, die Aussagen über den Ablauf (den Mechanismus) der Reaktion liefern sollen, ist nun der Bereich von Interesse, in dem die Geschwindigkeit der Gleichgewichtseinstellung ähnlich der Geschwindigkeit der Druckänderung wird. Dort geschieht Folgendes: Das System, das sich im Augenblick der äußeren Einwirkung noch im Gleichgewicht befindet, versucht sich laufend der Druckänderung anzupassen. Diese Anpassung gelingt ihm jedoch nicht unmittelbar, sondern es hinkt immer etwas hinter der Druckänderung her. Dieser *Relaxationseffekt* verläuft, für eine Ionenwolke exemplarisch erläutert, folgendermaßen:

Wie am Beispiel der Magnesium-Ionen erklärt, sind diese Ionen in wässriger Lösung mit einer Hülle von Wassermolekülen umgeben und deshalb annähernd kugelförmig. In dieser Hülle um ein Zentral-Ion befinden sich weitere, meist zu diesem entgegengesetzt geladene Ionen. Das gesamte Gebilde um ein Zentral-Ion herum einschließlich des Zentral-Ions selbst wird als *Ionenwolke* bezeichnet. Befindet sich dieses kugelförmige Gebilde in einem elektrischen Feld, beispielsweise zwischen Platten eines geladenen Kondensators, so werden die in der Wolke enthaltenen Ionen gemäß ihrer Ladung in Richtung der Platten in Bewegung gesetzt. Die Ionenwolke wird dabei zerstört und muss sich ständig neu ausbilden. Da die Geschwindigkeit des Ab- und Aufbaus aber nicht unendlich klein ist (in diesem Falle würde sich die Ionenwolke infolge der Trägheit so verhalten, als ob sie nicht gestört würde), wird die kugelige Gestalt der Ionenwolke verformt. Die Zeit, welche die Ionenwolke zum Auf- und Abbau benötigt, wird als *Relaxationszeit* bezeichnet. Der *Relaxationseffekt* hängt also mit der ständigen Störung und Neuausbildung der Ionenwolke durch die erzwungene Bewegung des Zentral-Ions zusammen.

Relaxationsvorgänge, die durch Druckänderungen in einem System hervorgerufen werden, lassen sich mathematisch beschreiben. Die daraus berechnete Relaxationszeit ist wiederum auf einfache Weise mit den kinetischen Konstanten des Reaktionssystems verknüpft, aus denen sich auf den zeitlichen Verlauf der Reaktion schließen lässt. So schließt sich also der Kreis vom Störmanöver an dem im Gleichgewicht befindlichen chemischen System, das den messbaren Relaxationseffekt zur Folge hat, über ein System mathematischer Gleichungen zum Mechanismus der zu untersuchenden Reaktion.

Die von Eigen entwickelten Methoden bedienen sich zur Störung des Gleichgewichts nicht des Schalldrucks, sondern beispielsweise der schon erwähnten elektrischen Feldstärke. Auf diese Weise lassen sich vor allem Dissoziationsgleichgewichte von Salzen und anderen Elektrolyten untersuchen sowie *Neutralisationsgeschwindigkeiten* bestimmen.

Als besonders wichtig hat sich ein weiteres Relaxationsverfahren, das sogenannte *Temperatursprungverfahren*, erwiesen. Die Störung des chemischen Systems erfolgt in diesem Fall durch das Entladen eines elektrischen Kondensators, wodurch die Temperatur der Lösung in sehr kurzer Zeit (sprunghaft) ansteigt und das System aus dem temperaturabhängigen Gleichgewicht gebracht wird. Mithilfe optischer Verfahren kann die chemische Umwandlung, die dabei erfolgt, am bequemsten verfolgt werden. So kann die Änderung der Absorption von Lichtstrahlen einer bestimmten Wellenlänge während des Relaxationseffektes in einem Spektralphotometer automatisch aufgezeichnet werden.

Dieses einfache Prinzip wurde von Eigen und seinen Mitarbeitern zu einer Standardmethode entwickelt. Dabei mussten etliche Schwierigkeiten überwunden werden, die zum Teil mit der ungleichmäßigen Aufheizung des Reaktionssystems, zum Teil auch mit der Registrierung der Reaktionssignale (damals noch ohne Computer) zusammenhingen. Die Bedeutung des Temperatursprungverfahrens liegt in den weitreichenden Anwendungsmöglichkeiten von der anorganischen Chemie bis zu den Vorgängen im molekularen Bereich biologischer Systeme. Die Ergebnisse gestatten einen tiefen Einblick in den genauen Ablauf einer chemischen Reaktion, in die Aufeinanderfolge und Dauer der einzelnen Reaktionsschritte, die Faktoren, welche die einzelnen Schritte beeinflussen können und führen so zu einer mathematisch exakten Beschreibung chemischer Vorgänge. Erst mithilfe reaktionskinetischer

Messungen kann ein tieferes Verständnis für eine Reaktion gewonnen werden; erst wenn man den wirklichen Ablauf einer Reaktion in allen Einzelheiten kennt, kann man ihn auch in den »Griff« bekommen.

Die beschriebenen Methoden ermöglichen eine lückenlose Untersuchung chemischer Reaktionen über einen Zeitbereich zwischen Bruchteilen einer Nanosekunde und mehrerer Sekunden. Erst nach der Einführung der Relaxationsverfahren konnte der Mechanismus (der genaue zeitliche und räumliche Ablauf) vieler anorganischer Reaktionen zugänglich gemacht werden, wohingegen in der organischen Chemie, bedingt durch den viel langsameren Verlauf ihrer Reaktionen, schon umfangreiches mechanistisches Material vorlag.

Die *Neutralisation* wurde von Eigen eingehend untersucht mit folgendem Resultat:

Jede Begegnung zwischen einem positiv geladenen Wasserstoff-Ion und einem negativ geladenen Hydroxid-Ion führt »augenblicklich«, d. h. innerhalb von etwa *0,1 Nanosekunden*, unter Ladungsneutralisation zur Vereinigung zum Molekül Wasser.

Versuch Nr. 4	**Schnelle Ionenreaktion am Beispiel des Anthocyan-Farbstoffs Rubrobrassin**
Materialien	Wässriger Rotkohlextrakt, Natron (Natriumhydrogencarbonat), Citronensäure, entmin. Wasser, Schnappdeckelgläser, Löffel
Durchführung	In einem Glas wird der Rotkohlextrakt mit entmineralisiertem Wasser verdünnt, bis eine gerade noch durchsichtige Lösung entstanden ist. Diese Lösung wird auf drei Gläser verteilt. Dann fügt man je einem Glas einen kleinen Löffel voll Natron bzw. Citronensäure hinzu und schwenkt um.
Beobachtungen	Es treten sofort Farbänderungen nach Rot bzw. Blau auf.
Erläuterungen	Das Hauptanthocyan des Rotkohls – Rubrobrassin – weist ingesamt drei Hydroxy-Gruppen auf, die nacheinander in Abhängigkeit vom pH-Wert (mit zunehmendem pH-Wert) dissoziieren können. Auf die Deprotonierung dieser Gruppen und zusätzlich auf eine sogenannte Stapelung der ionisierten Moleküle sind die Farbänderungen im Wesentlichen zurückzuführen. Rubrobrassin erfüllt somit die Funktion eines pH-Indikators (s. dazu in Kap. 2).

Versuch Nr. 5 Langsame Reaktion am organischen Molekül: Ringöffnung am Anthocyan-Farbstoff Rubrobrassin

Materialien Wässriger Rotkohlextrakt, 2%ige (0,5 mol/L) Natriumhydroxid-Lösung (hergestellt aus einem Rohrreiniger), Plastikpipette, Schnappdeckelglas oder kleines Becherglas

Durchführung Zu ca. 10 mL Natriumhydroxid-Lösung pipettiert man einige Tropfen des Rotkohlextraktes, sodass eine deutliche Grünfärbung auftritt. Diese Lösung lässt man bei Raumtemperatur einige Stunden stehen und stellt nach jeweils 1 Stunde fest, ob eine Farbänderung aufgetreten ist.

Beobachtungen Erst nach mehr als 1–2 Stunden erhält die grün gefärbte Lösung einen Gelbton, der sich mit fortschreitender Reaktionszeit weiter verstärkt.

Hinweis: Die Farbänderung ist temperaturabhängig; die Reaktion kann bei höherer Temperatur wesentlich beschleunigt werden.

Erläuterungen Anthocyan-Molekülen liegt ein 2-Phenyl-2H-benzo-1-pyran-System mit drei bis sechs Hydroxygruppen und/oder Methoxygruppen zugrunde. Sie zählen zu den mehrfach ungesättigten Sauerstoff-Heterocyclen. Die grüne Farbe in alkalischer Lösung ist bereits eine Mischfarbe aus Blau (aufgrund der Ionisierungen bzw. Deprotonierungen im vorherigen Experiment) und Gelb, das nach einer Sauerstoff-Ringöffnung auftritt. Der Vorgang dieser Sauerstoff-Ringöffnung verläuft bei Raumtemperatur sehr langsam. Nach dem Ansäuern der Lösung können dann auch nicht mehr die Farben der ionisierten Formen erzielt werden.

Anregungen für ähnliche Versuche

Materialien wie oben, zusätzlich ein zweites Becherglas, Löffel, Schnellentkalker (mit Citronen- und Amidoschwefelsäure)

Durchführung Auch nach einigen Stunden kann der Rotkohlextrakt in der Lösung von Natriumhydroxid noch einen geringen Grünstich aufweisen. Unter diesen Voraussetzungen lässt sich experimentell überprüfen, inwieweit die beschriebene Ringöffnung vollständig verlaufen ist oder ob noch ein Gleichgewicht vorliegt. Vor Beginn des oben beschriebenen Versuches werden daher zwei Lösungen mit gleicher Konzentration (gleich Tropfenzahl) an Rotkohlextrakt hergestellt – einmal in Wasser (Leitungswasser geeignet), einmal in der Natronlauge. Nach 1–2 Stunden wird dann jedem Becherglas ein Löffel Schnellentkalker hinzugefügt und durch Umrühren gelöst.

Beobachtungen Die Lösung des Rotkohlextraktes in Wasser färbt sich intensiv rot, die grüngelbe Lösung dagegen nur schwach rosa.

Erläuterungen Durch den Vergleich der Farbtöne bzw. Farbintensitäten in beiden Gläser lässt sich das Ausmaß der Ringöffnung qualitativ abschätzen. In der Regel wird keine vollständige Ringöffnung erreicht, nur nach einem Erwärmen ist die danach angesäuerte Lösung fast farblos.

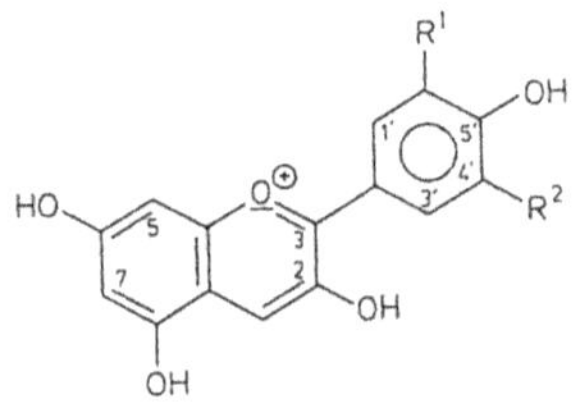

Abb. 4 Die pH-abhängigen Grundstrukturen der Anthocyane.
(Aus: G. Schwedt, *Experimente mit Supermarktprodukten*, Wiley-VCH, Weinheim, 3. Aufl. 2009.)

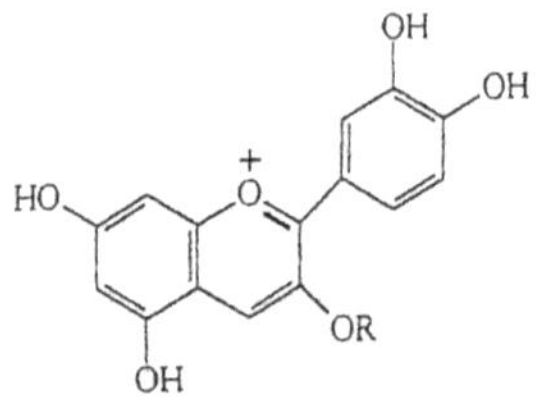

Flavyliumkation
pH ≤ 1 rot

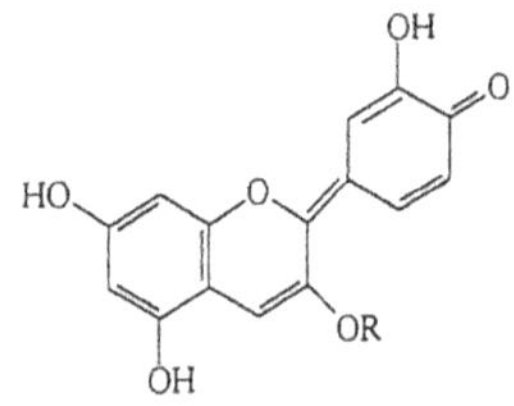

Chinoide Anhydrobase
pH 6–7 purpur

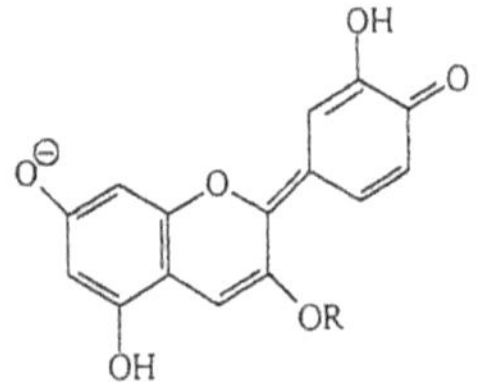

Ionische Anhydrobase
pH 7–8 tiefblau

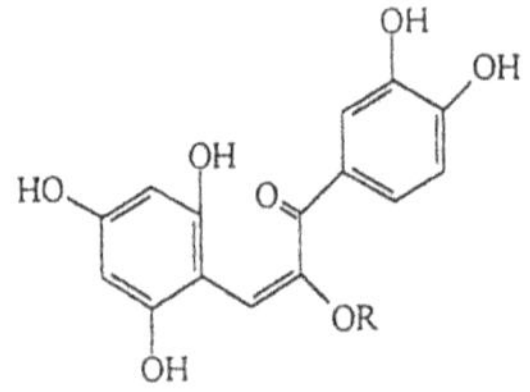

Chalkon
pH ~ 10 gelb

2 Säure-Base-Reaktionen

2.1 Säure-Base-Theorien von *Tachenius* bis *Lewis*

Die erste bekannte Säure war die *Essigsäure*. Bis in die Neuzeit wurde in sauren Pflanzensäften ein Gehalt von Essig angenommen. In der Alchemie entstand die Konzeption einer *Universalsäure* oder eines *Säurestoffs*, dem man die grundlegenden Eigenschaften der Auflösung bzw. des Aufschäumens kalkhaltiger Stoffe sowie einen *sauren Geschmack* zuordnete. Vom althochdeutschen Wort *suri* als Gegensatz zu »süß schmeckend« leitet sich der heutige Name für Säure ab.

Otto *Tachenius* (Tache), Arzt und Apotheker (um 1620–1680), stellte als Erster eine Säure-Base-Theorie auf, die sich jedoch ganz wesentlich von denen der modernen Chemie unterschied. Tache stammte aus Herford, war der Sohn eines Müllers und absolvierte eine Lehre in der Ratsapotheke in Lemgo. Danach soll er als Famulus eines Arztes (Rottger Timpler) in Lemgo tätig gewesen sein. Um 1640 war er in Apotheken in Kiel, Danzig und Königsberg beschäftigt und 1644 ließ er sich in Venedig nieder. 1652 erwarb er in Padua den Titel eines Dr. med. und formulierte in seinem mehrfach aufgelegten Werk »Hippocrates Chimicus ...« (Venedig 1666, Paris 1669, Leiden 1671) seine Säure-Base-Theorie aus zwei *Prinzipien*,
– *Säure* als heiß, trocken und männlich und
– *Base* als feucht, kalt und weiblich,
die seiner Ansicht nach mit den nach Hippokrates allen Dingen innewohnenden Prinzipien (Elementen) Feuer und Wasser korrespondierten.

Tachenius betrachtete sich deshalb auch als Erneuerer der »hippokratischen Chemie«. In seiner Schrift »Antiquissimae medicinae Hippocratis clavis« (Venedig 1669) stellte er darüber hinaus fest, dass eine stärkere Säure bzw. ein Stoff, der mehr an Universalsäure enthalte, eine schwächere Säure aus ihrer Verbindung austreibe. Die Base als Gegenpol zur Säure verwendete Tachenius für seine medizinisch-theoretischen Lehren. Aus dem Verhältnis dieser Urstoffe in der Natur leitete er auch die Ursachen für menschliche Krankheiten ab. Noch heute wird ein konstantes Säure-Base-Gleichgewicht in der Medizin als unerlässlich angesehen; sonst könnten erhebliche Funktionsstörungen auftreten. So liegt der pH-Wert des menschlichen Blutes bei 7,38.

Eine phänomenologisch exakte Definition von Säuren und Basen lieferte erst Robert *Boyle* (1627–1691). Er definierte eine Säure als Stoff, der mit Kreide aufbraust, aus Schwefelleber (Schwefelwasserstoff bzw. einer Lösung von Polysulfiden) Schwefel ausfällt, gewisse Pflanzenfarbstoffe rötet und durch eine Base neutralisiert wird, wodurch alle Eigenschaften aufgehoben werden. Boyle beobachtete auch die Entstehung eines Gases (1671) bei der Reaktion von Eisennägeln mit Schwefel- oder Salzsäure. Als der eigentliche Entdecker des Wasserstoffs gilt aber Henry *Cavendish* (1731–1810), der 1766 über die Bildung »brennbarer Luft« berichtete. Die Bezeichnung Wasserstoff stammt von dem französischen Chemiker Antoine *Lavoisier* (1743–1794), dem Begründer der Oxidations-Reduktions-Theorie, und ist eine Übertragung aus dem Französischen von »hydrogène« (Element, von dem zwei Teile mit einem Teil Sauerstoff zu Wasser verbrennen).

Säure und *Base* sind auch heute noch wesentliche Grundbegriffe der Chemie, wobei sich ihre Definition bis in unsere Zeit mit der Entwicklung der theoretischen Grundlagen der Chemie immer wieder gewandelt hat. *Lavoisier* hielt den Sauerstoff für das »saure Prinzip«, da beim Auflösen vieler Nichtmetalloxide in Wasser sauer reagierende Lösungen entstehen. Erst Justus von *Liebig* (1803–1873) bezeichnete den Wasserstoff, der durch Metalle ersetzt werden kann (*acider Wasserstoff*), als den Träger der sauren Eigenschaften von Säuren (1840). Bereits 1816 hatte Humphry *Davy* (1779–1829) auf diese Eigenschaft hingewiesen.

Mit der Entwicklung der Ionentheorie durch Svante August *Arrhenius* (1859–1927) und Wilhelm *Ostwald* (1853–1932) wurde das Wasserstoff-Ion als Charakteristikum einer Säure erkannt. Der als Sohn eines Landvermessers auf dem Gut Vik bei Uppsala geboren Arrhenius führte ab 1882 in Stockholm Messungen zur elektrischen Leitfähigkeit von Elektrolytlösungen durch. Er formulierte den Begriff der *elektrolytischen Dissoziation*, der Aufspaltung von Verbindungen wie Salzen oder Säuren in geladene Teilchen, Ionen, in Abhängigkeit von Temperatur und Konzentration. Seine Untersuchungsergebnisse reichte er als Dissertation an der Universität Uppsala ein, wo sie wegen der Neuheit seiner Ansichten schlecht beurteilt wurden. Chemiker wie Jacobus Henricus *van't Hoff* (1852–1911) und vor allem Ostwald erkannten jedoch ihren Wert. Nach dieser Theorie wurde das *Wasserstoff-Ion* der Träger der sauren Eigenschaft von Stoffen und das *Hydroxid-Ion* als Träger der basischen Eigenschaft bezeichnet. Beide entstehen auch bei der Dissoziation von Wasser:

$$H_2O \leftrightarrows H^+ + OH^- \qquad (1)$$

Für die Salzsäure gilt:

$$HCl \leftrightarrows H^+ + Cl^- \tag{2}$$

(Das Wasserstoff-Ion liegt in hydratisierter Form als H_3O^+ vor und wird als *Oxonium-Ion*, veraltet als Hydronium-Ion, bezeichnet.)

Für eine Base wie das Natriumhydroxid gilt:

$$NaOH \leftrightarrows Na^+ + OH^- \tag{3}$$

W. *Ostwald* schrieb dazu in seinem bereits in der Einführung zitierten grundlegenden Lehrbuch »Die wissenschaftlichen Grundlagen der Analytischen Chemie. Elementar dargestellt«, das mehrmals aufgelegt wurde (7. Aufl. 1920), in der dritten Auflage 1901 u. a.:

> **Viertes Kapitel. Die chemische Scheidung. § 1. Die Theorie der Lösungen.**
>
> 2. Zustand gelöster Stoffe.
>
> Die vielfach von älteren Forschern ausgesprochene Ansicht, dass in verdünnten Lösungen die Stoffe einen Zustand annehmen, der mit dem Gaszustande Aehnlichkeit hat, ist durch die bahnbrechenden Arbeiten von van't Hoff zu einer wissenschaftlich streng durchgeführten Theorie geworden. (...)
>
> Ebenso, wie Bestimmung der Dichte verdampfter Stoffe bei bestimmten Drucken und Temperaturen Aufschlüsse über deren Zustand gegeben haben, ist man durch die Untersuchung von Lösungen zu dem Resultate gelangt, dass eine grosse Anzahl von Stoffen in wässeriger Lösung nicht der ihnen gewöhnlich zuertheilten Formel entsprechen können; vielmehr müssen sie ein kleineres Molekulargewicht haben, als es die kleinstmögliche Formel ergibt. Die Deutung dieses Ergebnisses machte anfangs grosse Schwierigkeiten, die erst durch Arrhenius mittelst seiner Theorie der elektrolytischen Dissociation gehoben wurden. Arrhenius erkannte nämlich, dass die erwähnten Abweichungen nur bei solchen Stoffen auftreten, welche sich als elektrolytische Leiter verhalten, und konnte gleichzeitig die Verhältnisse der elektrolytischen Leitfähigkeit und die Abweichungen der fraglichen Lösungen von den einfachen Gesetzen

durch die Annahme erklären, dass die salzartigen Stoffe nicht als solche in wässeriger Lösung existiren, sondern mehr oder weniger vollständig in ihre Bestandteile oder Ionen gespalten sind. (...)

Von dem dänischen Chemiker Niels Janniksen *Bjerrum* (1879–1958) stammen die Bezeichnungen *Antibase* und *Antisäure*. Bjerrum studierte in Leipzig, Zürich, Paris und Berlin Chemie, promovierte 1908 in Kopenhagen und war von 1914 bis 1949 Professor für Chemie an der Tierärztlichen und Landwirtschaftlichen Hochschule in Kopenhagen. Dort entwickelte er ab 1909 eine neue Form der elektrolytischen Dissoziationstheorie für starke Elektrolyte. Demnach ist eine Säure eine Antibase und eine Base ist eine Antisäure. Bjerrum stellte 1951 auch eine spezielle Säure-Base-Theorie für Schmelzen auf, die für unsere Betrachtungen jedoch nicht von Interesse ist.

Sören Peter Laurits *Sörensen* (1868–1939) führte 1909 den Begriff des *pH-Wertes* für den negativen dekadischen Logarithmus der Wasserstoff-Ionen-Konzentration ein:

$$-\log c(H^+) = pH \tag{4}$$

Beispiel Wasser mit $c(H^+)$ bei 25 °C von 10^{-7} mol/L:

$$-\log (10^{-7}) = 7 = pH \tag{5}$$

Sörensen hatte zunächst an der Universität Kopenhagen Medizin, dann Chemie studiert, war 1892 bis 1901 Assistent an der Königlich-Chemischen Hochschule in Kopenhagen und nach seiner Promotion 1899 ab 1901 bis 1938 Leiter der chemischen Abteilung des Carlsberg-Laboratoriums. Ein von ihm entwickelter Säure-Base-Puffer (aus Citrat-, Phosphat- und Boratlösungen) trägt seinen Namen.

In den 1920er Jahren setzte dann unabhängig voneinander durch Thomas Martin *Lowry* (1874–1936), ab 1920 Professor für Physikalische Chemie an der Universität Cambridge, und Johannes Nicolaus *Brönsted* (1879–1947), ab 1908 Professor für Physikalische Chemie (3. Lehrstuhl für Chemie) an der Universität Kopenhagen (ab 1930 ohne Lehrverpflichtungen mit einem eigenen Physikalisch-chemischen Institut) die moderne Entwicklung des *Säure-Base-Begriffes* ein.

Nach Brönsted und Lowry sind Säuren *Protonendonatoren* und Basen *Protonenakzeptoren*. Die Definition von Säuren und Basen wird auf das bereits in Gleichung (1) beschriebene Gleichgewicht vereinfacht:

$$\text{Säure} \leftrightarrows \text{Base} + \text{Proton} \tag{6}$$

Danach nennt man eine Säure und eine Base, die sich nur in der Anzahl der Protonen unterscheiden, ein *korrespondierendes Säure-Base-Paar* und das Gesamtsystem ein *protolytisches System*.

Für wässrige Lösungen gilt dann am Beispiel des in Wasser gelösten Chlorwasserstoffs (als Salzsäure):

$$HCl + H_2O \leftrightarrows Cl^- + H_3O^+ \tag{7}$$

Allgemeiner:

$$\text{Säure1} + \text{Base2} \leftrightarrows \text{Base1} + \text{Säure2} \tag{8}$$

Das Wasser hat hier die Funktion des Protonenakzeptors, ist somit eine Base. Die mit gleichen Ziffern versehenen Partner bilden jeweils ein korrespondierendes Säure-Base-Paar.

Bei der Reaktion einer Base ohne Hydroxid-Ion wie Ammoniak NH_3, das im Wasser Hydroxid-Ionen bildet, fungiert Wasser als Protonendonator:

$$NH_3 + H_2O \leftrightarrows NH_4^+ + OH^- \tag{9}$$

Dieses Beispiel macht auch den Fortschritt in der Brönsted-Theorie deutlich. Denn Brönsted-Säuren oder -Basen können sowohl neutrale Moleküle als auch negativ oder positiv geladene Ionen (Anionen oder Kationen) sein.

Wasser kann je nach Partner sowohl als Base (Protonenakzeptor) als auch Säure (Protonendonator) wirken, es wird daher als *Ampholyt* (amphoter wirkender Elektrolyt) bezeichnet.

Beispiele für Brönsted-Säuren sind:

$$HCl \text{ (Salzsäure)}, NH_4^+ \text{ (Ammonium-Ion)}, HCO_3^- \text{ (Hydrogencarbonat-Ion)} \tag{10}$$

Beispiele für Brönstedt-Basen sind:

$$NH_3 \text{ (Ammoniak)}, CH_3COO^- \text{ (Acetat-Ion)}, HPO_4^{2-} \text{ (Hydrogenphosphat-Ion)} \tag{11}$$

Alle genannten Substanzen sind auch in Alltagsprodukten enthalten und erfüllen dort Säure-Base-Funktionen. Sie werden in den folgenden Kapitel näher vorgestellt.

Die *Brönstedt-Theorie* wurde 1923 durch Gilbert Newton *Lewis* (1875–1946) erweitert. Lewis hatte an der Universität von Nebraska in Lincoln und der Harvard-Universität in Boston studiert und war nach der Promotion (1899) 1900/1901 in Göttingen und Leipzig zu weiteren Studien auf dem Gebiet der physikalischen Chemie gewesen. Nach mehreren Zwischenstationen leitete er ab 1912 das College of Chemistry der University of California in Berkeley. Lewis erweiterte den Säurebegriff (Lewis- und Brönsted-Basen sind identisch) und machte ihn vom Proton völlig unabhängig. Eine *Lewis-Base* besitzt ein freies Elektronenpaar – beispielsweise Ammoniak (am Stickstoff) oder ein Wassermolekül (am Sauerstoff). *Lewis-Basen* sind somit Elektronendonatoren, *Lewis-Säuren* dagegen Elektronenakzeptoren:
Beispiel:

$$H^+ + |NH_3 \leftrightarrows NH_4^+ \tag{12}$$

Das Proton (im Wasser als Wasserstoff-Ion H_3O^+) reagiert als Lewis-Säure mit $|NH_3$, dem Ammoniakmolekül mit einem freien Elektronenpaar, zum Ammonium-Ion als *Säure-Base-Komplex*.

Nach dieser Theorie ist das Kochsalz, Natriumchlorid NaCl, ebenfalls aus einer Säure-Base-Reaktion entstanden – was ja auch stimmt, nämlich genau genommen durch eine Neutralisation von Salzsäure und Natriumhydroxid. Aber auch eine Komplexverbindung (s. Kap. 7) wie das gelbe Blutlaugensalz (im Kochsalz als Trennmittel enthalten), das Hexacyanoferrat(II) aus Eisen(II)- und Cyanid-Ionen (Fe^{2+} als Lewis-Säure, CN^- als Lewis-Base), ist ein Säure-Base-Komplex. In dieser Erweiterung des Säure-Base-Begriffs liegt die Bedeutung der Lewis-Theorie. (Zur erweiterten Theorie nach *Pearson* s. Kap. 9.)

Aus der *elektrolytischen Dissoziation* ergibt sich auch die Unterscheidung zwischen starken und schwachen Säuren bzw. Basen. Die Dissoziation wird als Gleichung beschrieben und stellt ein Gleichgewicht dar (s. das Beispiel Salzsäure, Gleichung 7). Liegt das Gleichgewicht weitgehend auf der rechten Seite, so handelt es sich um eine starke Säure. Die Lage des Gleichgewichts kann durch eine Konstante K angegeben werden; dies gilt in dieser Form im engeren Sinne nur für verdünnte Lösungen (c für Konzentration in mol/L):

$$K = [c(H_3O^+) \cdot c(Cl^-)]/c(HCl) \tag{13}$$

In Analogie zum pH-Wert wird die Konstante auch als pK-Wert (negativer dekadischer Logarithmus des Gleichgewichtsexponenten) angegeben.

Löst man beispielsweise Kohlenstoffdioxid in Wasser, so gilt das Gleichgewicht:

$CO_2 + 2\,H_2O \leftrightarrows HCO_3^- + H_3O^+$ (14)
$K = 10^{-6{,}52} = [c(HCO_3^-) \cdot c(H_3O^+)]/c(CO_2)$ (14a)
$pK_s = 6{,}52$ (14b)

Der negative Exponent macht deutlich, dass Kohlenstoffdioxid in Wasser nur zu einem geringen Teil in einer protolytischen Reaktion mit Hydrogencarbonat- und Oxonium-Ionen im Gleichgewicht vorliegt. »Kohlensäure« ist somit eine schwache Säure.

Eine noch schwächere Säure ist das Hydrogencarbonat-Ion, das als Protonendonator im Gleichgewicht mit dem Carbonat-Ion vorliegt:

$HCO_3^- + H_2O \leftrightarrows CO_3^{2-} + H_3O^+$ (15)
$K = 10^{-10{,}4} = [c(CO_3^{2-}) \cdot c(H_3O^+)]/c(HCO_3^-)$ (15a)
$pK_s = 10{,}4$ (15b)

Allgemein bezeichnet man Säuren mit pK-Werten kleiner als 0 als sehr stark, zwischen 0 und 4 als stark, 4 und 10 als schwach und über 10 als sehr schwach. In Tabelle 1 sind einige Beispiele für Säuren in Alltagsprodukten aufgeführt.

Tab. 1 pK_s-Werte einiger korrespondierender Säure-Base-Paare.

Säure		⇆	Base	pK_s
Salzsäure	HCl		Cl$^-$	−7
Schwefelsäure	H$_2$SO$_4$		HSO$_4^-$	−3
Amidoschwefelsäure	H$_2$N-SO$_2$OH		H$_2$N-SO$_4$	1
Hydrogensulfat	HSO$_4^-$		SO$_4^{2-}$	1,92
Phosphorsäure	H$_3$PO$_4$		H$_2$PO$_4^-$	1,96
Milchsäure			Lactat$^-$	3,08
Citronensäure (dreibasig – 1. Stufe)			Citrat$^-$	3,14
Weinsäure (zweibasig – 1. Stufe)			Tartrat$^-$	3,22
Ameisensäure			Formiat$^-$	3,75
Ascorbinsäure			Ascorbat$^-$	4,10
Benzoesäure			Benzoat$^-$	4,19
Äpfelsäure (zweibasig – 1. Stufe)			Malat$^-$	3,46
Essigsäure	HAc		Ac$^-$ (Acetat-Ion)	4,75
Dihydrogenphosphat	H$_2$PO$_4^-$		HPO$_4^{2-}$	7,12
Ammonium	NH$_4^+$		NH$_3$	9,25
Hydrogencarbonat	HCO$_3^-$		CO$_3^{2-}$	10,40
Hydrogenphosphat	HPO$_4^{2-}$		PO$_4^{3-}$	12,32

Sehr starke Säuren sind die Salzsäure und die Schwefelsäure (1. Dissoziationsstufe). In der 2. Dissoziationsstufe (Hydrogensulfat-Ion) zählt die Schwefelsäure nur noch zu den starken Säuren. Die sogenannte dreibasige Phosphorsäure ist in der 1. Dissoziationsstufe eine starke Säure, in der 2. Stufe dagegen bereits eine schwache Säure. Die Essigsäure hat mit ihrem pK-Wert gerade den Bereich der starken Säuren verlassen. Von den weiteren organischen Säuren zählen noch die Milchsäure, Citronensäure, Weinsäure, Äpfelsäure und Ameisensäure zu den starken Säuren – mit pK-Werten zwischen 3 und 4.

2.2 Mit den Säuren geht es los: Vom Essig bis zur Benzoesäure

Tab. 2 SÄUREN in Alltagsprodukten.

Säure	Produkte/Verwendungszweck
Essigsäure (Ethansäure) $H_3C–COOH$	Speiseessig; Essigessenz (25%ig); Genusssäure in Gemüsekonserven
Citronensäure (2-Hydroxypropan-1,2,3-tricarbonsäure) $HOOC–CH_2–C(OH)–COOH–CH_2–COOH$	Entkalker; Genusssäure in Lebensmitteln; Brausetabletten
Weinsäure (2,3-Dihydroxybutandisäure) $HOOC–CH(OH)–CH(OH)–COOH$	in Weingummis, Orangendragees u. a.
Äpfelsäure (Hydroxyethandisäure) $HOOC–CH_2–CH(OH)–COOH$	Süßwaren; Entkalker
Milchsäure (2-Hydroxypropansäure) $H_3C–CH(OH)–COOH$	Sauerkraut, saure Gurken; Entkalker
Ameisensäure (Methansäure) $HCOOH$	Hygienereiniger
Salzsäure HCl	WC-Reiniger (Entfernung von Kalk und Urinstein)
Phosphorsäure H_3PO_4	WC-Reiniger, Entroster; Cola-Getränke
Amidoschwefelsäure $H_2N–SO_2–OH$	Schnell- und Maschinenentkalker
Ascorbinsäure	Vitamin C; Antioxidans, Farbstabilisator
Konservierungsstoffe:	
Sorbinsäure (Hexa-2,4-diensäure), E 200	z. B. in »Gurkenfest« oder »Gurkenknack«, gegen Schimmelpilze bei Einmachgurken
Benzoesäure (Benzencarbonsäure), E 210 ($C_6H_5–COOH$)	

Die Essigsäure

Im 19. Jahrhundert unterschied man je nach Ausgangsprodukten zwischen Malz-, Getreide- und Bieressig. Darüber berichtet das *Encyklopädische Handbuch der Technischen Chemie* (Untertitel des in Abbildung 5 genannten Werkes) und schließt daran die Herstellung von *Rübenessig*, von *Branntweinessig* sowie die *Schnellessigfabrikation* an. Zur letzteren Verfahrensweise heißt es, dass *Boerhave* diese Methode eingeführt habe (Hermann *Boerhaave* (1668–1738), ab 1709 o. Prof. für Medizin und Botanik, ab 1714 für praktische Medizin und ab 1718 für Chemie der Universität Leiden):

> Die raschere Verwandlung des Alkohols in Essig beruht bei dieser Methode darauf, daß in dem halbvollen Fasse der Alkohol in einer sehr großen Oberfläche der Luft dargeboten wird, so daß diese weit mächtiger darauf einwirken kann, als in einem Fasse, wo nur der Flüssigkeitsspiegel den Raum von wenigen Quadratfußen einnimmt. In den **Boerhave**'schen Bottichen sind alle Traubenkämme ganz mit der alkoholischen Flüssigkeit durchdrungen; läßt man dann die Flüssigkeit so weit abfließen, daß das eine Faß nur halb gefüllt ist, so muß eine energische Oxidation eintreten, weil die Luft in alle kleinsten Zwischenräume der Traubenkämme eindringt.

Abb. 5 Eine historische Essigfabrik. Aus *Muspratt's theoretische, praktische und analytische Chemie, in Anwendung auf Künste und Gewerbe* (Hrsg. F. Stohmann, Verlag Schwetschke + Sohn, Braunschweig, 2. Aufl. 1866): »Die Fässer werden in langen, parallelen Reihen mit ihren offenen Spundlöchern nach oben, gelagert. Unter den Wegen, welche die Reihen der Fässer trennen, befinden sich Röhren, die mit dem Reservoir auf dem Boden des Brauhauses communiciren und die in der Mitte jedes Weges mit einem Ventil versehen sind. Beim Füllen wird ein Schlauch an das Ventil geschraubt, dessen anderes Ende in die Sundlöcher der Fässer gebracht wird; durch den hydrostatischen Druck fließt das Essiggut dann von dem Reservoir durch die Röhren und den Schlauch in die Fässer. Der Schlauch ist so lang, dass man damit alle Fässer in einer Reihe erreichen kann, und wir durch einen Arbeiter geleitet …«

Versuch Nr. 6 — Historische Titration von Essigsäure mit Soda

Materialien Haushaltsessig, Waschsoda (calciniert), Waage, Filterpapier, kleiner Löffel, 100-mL-Erlenmeyerkolben, 100-mL-Messzylinder

Durchführung In den Erlenmeyerkolben werden 50 mL Haushaltsessig gefüllt. Auf der Waage werden auf Filterpapier ca. 3 g Waschsoda abgewogen – genaue Einwaage notieren.

Dann fügt man dem Essig in kleinen Portionen Soda hinzu und schwenkt jeweils bis zum Abklingen der Gasentwicklung um. Der Endpunkt ist erreicht, wenn keine Gasblasen mehr auftreten.

Die verbrauchte (umgesetzte) Menge an Natriumcarbonat wird aus der Differenz der Einwaage und der verbliebenen Menge auf dem Filterpapier auf der Waage ermittelt.

Erläuterungen Es handelt sich um eines der ersten Verfahren zur Maßanalyse – ohne Indikator! Der Pariser Apotheker Claude Joseph *Geoffroy* (der Jüngere, 1683–1752) schlug dieses Verfahren 1729 (mit Pottasche anstelle von Soda) der Akademie der Wissenschaften zu Paris zum Vergleich von handelsüblichen Essigsorten (Bestimmung der Gehalte an Essigsäure) vor.

Der Bestimmung liegt folgende Umsetzung zugrunde (in Klammer jeweils die molaren Massen in g/mol zur Berechnung):

$$2\ CH_3COOH\ (2 \cdot 60) + Na_2CO_3\ (106) \rightarrow 2\ CH_3COONa + H_2O + CO_2\uparrow$$

Berechnung 1 g Natriumcarbonat (wasserfrei, calciniert) entspricht $120/106 = 1{,}132$ g Essigsäure.
Dichte der Essigsäure: 1,05 [g/mL]
1 g Natriumcarbonat entspricht $1{,}132/1{,}05 = 1{,}08$ mL Essigsäure
Somit entspricht 1 g Natriumcarbonat bei 50 mL Essig 2,16 % Essigsäure, bzw. x g entsprechen $x \cdot 2{,}16$ % Essigsäure im Haushaltsessig.

Versuch Nr. 7 — Essig mit Soda in Anwesenheit eines Indikators neutralisieren

Materialien Wie Versuch Nr. 6, zusätzlich Rotkohlextrakt als Indikator, Plastikpipette

Durchführung   Wie Versuch Nr. 6. Bevor Natriumcarbonat hinzugefügt wird, tropft man so viel Rotkohlextrakt hinzu, dass die Lösung eine deutlich erkennbare rote Farbe erhält.

Der Endpunkt ist annähernd erreicht, wenn die Farbe der Lösung keinen Rotton mehr aufweist, sondern blau gefärbt ist.

Erläuterungen   Die Ergebnisse von Versuch Nr. 6 und 7 werden voneinander abweichen. Das bei der Neutralisation der Essigsäure gebildete Natriumacetat reagiert schwach alkalisch infolge der Hydrolyse der Acetat-Ionen bzw. relativ geringen Dissoziation der Essigsäure:

$$CH_3COO^-(aq) + H_2O \leftrightarrows CH_3COOH(aq) + OH^-(aq)$$

Dadurch wird ein annähernd neutraler pH-Wert früher als nach einer vollständigen Umsetzung der Essigsäure (wie im Versuch Nr. 6) erreicht.

Zur Funktion und Wirkungsweise von Säure-Base-Indikatoren

Ostwald beschrieb 1901 in seinen »Wissenschaftlichen Grundlagen der Analytischen Chemie – elementar dargestellt« eine Theorie der Indikatoren wie folgt:

> Damit ein Farbstoff als Indikator brauchbar sei, muss er entweder saurer oder basischer Natur sein, und muss im nicht dissociirten Zustande eine andere Farbe haben, als im Ionenzustande. Ferner darf er keine starke Säure (oder Basis [= Base]) sein, da er sonst schon in freiem Zustande in seine Ionen zerfallen wäre, und keine Aenderung seiner Farbe bei der Neutralisation zeigen würde. Denn bei der Neutralisation einer starken Säure geht nur ihr Wasserstoffion mit dem Hydroxyl des Basis [= Hydroxid-Ion der Base] in Wasser über, während das Anion keine Aenderung erleidet. Eine schwache Säure existirt aber zum grossen Theil nicht als Ion, sondern undissociirt in der Lösung, und erst durch die Neutralisation, d.h. durch den Uebergang in ein Neutralsalz tritt die Ionenbildung ein, da die Neutralsalze auch der schwachen Säuen sehr vollständig dissociirt sind. (...)
>
> Ein gutes Beispiel für einen sehr schwach sauren Indikator ist Phenolphthalein, welches als Molekel [= Molekül] farblos, als Ion intensiv roth ist. Die durch Alkali roth gefärbte Lösung enthält das

> Salz des Phenolphtaleins, d.h. dessen Ionen, und wird nach der Neutralisation durch den geringsten Ueberschuss freier Säure entfärbt, indem sich die farblose, nicht dissociirte Molekel bildet. (...)
> Auf der entgegengesetzte Seite der Verwendbarkeit steht unter den bekannteren Indikatoren das Methylorange. Es ist eine mittelstarke Säure, deren Ion gelb gefärbt ist, während die nicht dissociirte Verbindung roth ist. Die reine wässerige Lösung zeigt daher eine Mischfarbe; durch den Zusatz einer Spur einer starken Säure geht infolge der Massenwirkung des Wasserstoffions (...) die Dissociation zurück, und die Farbe des unzersetzten Stoffes wird vorherrschend...

Zu dieser »Theorie der Indikatoren« schrieb der Chemiehistoriker F. Szabadváry in seiner »Geschichte der Analytischen Chemie« (1966) u. a.:

> Ostwalds Ausführungen sind klar, einfach und verständlich. Er besaß in hohem Maße die Gabe, viele bis dahin unverständliche Erscheinungen der Chemie zusammenzufassen und eingängig darzustellen.

Da bei manchen Indikatoren die Farbumschläge jedoch nicht »augenblicklich« erfolgten, wurde diese »Ionentheorie« u. a. von A. R. *Hantzsch* (1857–1935) durch die *Chromophorentheorie* (1907/08) ergänzt, nach der ein Farbumschlag mit strukturellen Veränderungen verbunden ist, wobei die ionogene Form aus einer Pseudoform entsteht. Noch I. M. *Kolthoff* stellte 1923 in der 2. Auflage seines Buches »Der Gebrauch von Farbindicatoren« fest, dass die Vorteile der Ostwald'schen Theorie weiterhin bestünden und dass die Farbe sowohl durch das Gleichgewicht der pseudo- und ionogenen Formen sowie der Dissoziation der Letzteren bestimmt sei.

Ohne auf spezielle Wirkungsweisen einzelner Indikatoren einzugehen, lässt sich auch heute feststellen:
Neutralisationsindikatoren stellen selbst *korrespondierende Säure-Base-Paare* dar. Der pH-Wert des Indikatorumschlags (der Farbänderung) kann anhand des Massenwirkungsgesetzes (bei Kenntnis der Dissoziationskonstanten aus $HInd + H_2O \rightleftharpoons H_3O^+ + Ind^-$) berechnet werden. Danach hat das undissoziierte Molekül *HInd* eines Säure-Base-Indikators eine andere Farbe als dessen Anion *Ind*$^-$.

Die *Säure-Base-Indikatorwirkung* der Anthocyane, insbesondere des Rubrobrassins im Rotkohlextrakt, ist auf folgende Teilreaktionen zurückzuführen:

Das Anthocyan Rubrobrassin enthält am C-3, C-5 und C-7 je eine phenolische OH-Gruppe. Liegen sie in saurer Lösung undissoziiert vor, so ist das Molekül in wässriger Lösung rot gefärbt. Infolge unterschiedlicher Dissoziationskonstanten (unterschiedlicher Acidität) werden bei einer Verschiebung des pH-Wertes auf etwa 7–8 über Pink (pH 4) und Violett (pH 6) nach und nach die Wasserstoffe der Hydroxygruppen durch Natrium-Ionen ersetzt – es entsteht ein Phenolat (blau). Danach beginnt die Ringöffnung am Sauerstoffring, der im undissoziierten Molekül positiv geladen ist – als Mischfarbe aus Blau und Gelb tritt zunächst bei pH 9 bis 10 das Grün auf, ab pH 12 dann Gelb. In der Natur – d. h. in Zellsäften – spielen weitere Effekte eine Rolle, so Selbstassoziationen, Copigmentierungen und auch sandwichartige Stapelungen (s. auch Abb. 4 zu Versuch Nr. 5).

Versuch Nr. 8 — Freisetzung einer schwachen Säure aus ihrer Verbindung

Materialien Gepulverte Eierschale, Essig (oder Citronensäure), Schnappdeckelglas

Durchführung Gepulverte Eierschale wird im Schnappdeckelglas mit Essig bedeckt (bzw. mit einer etwa 5%igen Lösung von Citronensäure).

Beobachtungen Nach kurzer Zeit sind kleine Gasbläschen zu beobachten.

Erläuterungen Die relativ schwache »Kohlensäure« wird aus ihrer Verbindung, hier dem Calciumcarbonat der Eierschale, durch die stärkere (stärker dissoziierte) Essig- oder Citronensäure in Form des Kohlenstoffdioxids verdrängt.

Anregungen für weitere Versuche Weitere Naturprodukte wie Kreide, Kalkstein, Muscheln oder Perlmutt (als Knöpfe noch gebräuchlich) bestehen aus Calciumcarbonat und können für diesen Versuch ebenfalls eingesetzt werden. Die Gasblasen sind oft sehr klein, setzen sich zunächst auf der Oberfläche (Muschel, Perlmutt) fest und lassen sich am besten unter einer Lupe (5fache Vergrößerung) erkennen. Wenn sie eine bestimmte Größe erreicht haben, lösen sie sich von der Oberfläche der genannten Produkte. Diese Vorgänge – Bildung, Adsorption an der Oberfläche und Ablösung – lassen sich gut bei einer geringen Vergrößerung erkennen.

Versuch Nr. 9   Reaktion von Essigsäure und Eisen bzw. Zink

Materialien Eisennagel (blank), verzinkter Eisennagel oder Büroklammer, Haushaltsessig, Schnappdeckelgläser

Durchführung Schnappdeckelgläser werden jeweils zur Hälfte mit Essig gefüllt. Dann legt man je einen Eisennagel, einen verzinkten Eisennagel bzw. eine Büroklammer hinein.

Beobachtungen Nach kurzer Zeit wird man die Entstehung von Gasblasen beobachten.

Erläuterungen Diese Reaktion reduziert durch Oxidation von Eisen bzw. Zink (s. Kap. 6) das charakteristische Ion einer Säure, das hydratisierte Wasserstoff-Ion – das Oxonium-Ion – zum Element und Molekül Wasserstoff, das als Gas sichtbar wird. Diese Eigenschaft war auch historisch (neben den Indikatorreaktionen) das wichtigste Charakteristikum für die Definition von Säure.

$$2\ H_3O^+(aq) + Zn\ (Fe) \rightarrow Zn^{2+}(aq)\ [Fe^{2+}(aq)] + 2\ H_2O + H_2\uparrow$$

Versuch Nr. 10   Flüchtigkeit von Säuren: Essigsäure (oder Ameisensäure)

Materialien Essigreiniger oder Hygiene-Reiniger mit Ameisensäure, kleine Bechergläser, blaues Lackmuspapier, Heizplatte

Durchführung Ein kleines Becherglas wird mit dem Reiniger zu einem Drittel des Volumens gefüllt. Dann erwärmt man vorsichtig auf der Heizplatte bis zum Auftreten von Wasserdampf. In den Wasserdampf wird dann ein Stück blaues Lackmuspapier gehalten.
(Zum Vergleich wird der Versuch mit reinem Wasser durchgeführt.)

Beobachtungen Das blaue Lackmuspapier färbt sich rot.

Erläuterungen Essigsäure siedet bei 118 °C. Sie ist jedoch bereits mit Wasserdampf flüchtig. Im Essigreiniger ist sie am Geruch wegen der zugesetzten Duftstoffe oft kaum wahrnehmbar. Ebenso ist die Ameisensäure (Siedepunkt 101 °C) mit dem Wasserdampf flüchtig. In den Reinigern haben beide Säuren die Aufgabe, Kalkstein zu lösen.

Versuch Nr. 11 — Die ›Kohlensäure‹: Kohlenstoffdioxid im Wasser

Materialien — Mineralwasser mit »Kohlensäure«, Becherglas, Rotkohlextrakt, Heizplatte

Durchführung — Dem Mineralwasser im zur Hälfte gefüllten Becherglas werden einige Tropfen Rotkohlextrakt bis zur deutlichen Färbung hinzugefügt. Dann erwärmt man die Lösung bis zum Sieden auf der Heizplatte.

Beobachtungen — Zunächst hat der Rotkohlextrakt im Mineralwasser eine rote Farbe erhalten. Diese Farbe ändert sich mit der Erwärmen über Rotviolett bis Blau. Zugleich ist vor dem Sieden eine Gasentwicklung festzustellen, und beim Sieden tritt bei Calciumgehalten von über 100 mg/L eine deutlich Trübung ein.

Erläuterungen — Im Mineralwasser liegt Kohlenstoffdioxid in verschiedenen Formen vor: physikalisch gelöst als $CO_2(aq)$ (Vorgang der Hydratation) und gebunden als HCO_3^- mit positiv geladenen Ionen wie Natrium-, Kalium-, Magnesium- und vor allem Calcium-Ionen.

Das Mineralwasser zeigt anhand des Indikators eine saure Reaktion. Kohlenstoffdioxid setzt sich im Wasser zur *Kohlensäure* um, die als mittelstarke Säure gilt:

$$CO_2 + 2\,H_2O \leftrightarrows H_2CO_3 \leftrightarrows H_3O^+ + HCO_3^-$$

(theoretische Dissoziationskonstante $K_1 = 1{,}3 \cdot 10^{-4}$ ($pK_1 = 3{,}88$) – $K_1 = [c(H^+) \cdot c(HCO_3^-)] / [c(H_2CO_3)]$)

Da aber nur etwa 0,2 % des im Wasser gelösten Kohlenstoffdioxids als Kohlensäure vorliegen, wird im Allgemeinen die *scheinbare Dissoziationskonstante* angegeben mit $c(H_2CO_3 + CO_2)$ als undissoziiertem Säureanteil. Daraus ergibt sich ein um drei Zehnpotenzen kleinerer Wert für K_1 ($4{,}5 \cdot 10^{-7}$; $pK_1 = 6{,}35$).

Beim Erwärmen des Mineralwassers wird das Kohlenstoffdioxid aus dem Wasser verflüchtigt, das Gleichgewicht wird in die Gasphase verschoben:

$$CO_2(aq) \rightarrow CO_2(g)$$

Außerdem erfolgt ein Zerfall der Hydrogencarbonat-Ionen:

$$2\,HCO_3^-(aq)\ (+\,\text{Energie}) \rightarrow CO_3^{2-}(aq) + H_2O + CO_2\uparrow$$

Carbonat-Ionen reagieren in wässriger Lösung alkalisch:

$$CO_3^{2-}(aq) + H_2O \leftrightarrows HCO_3^-(aq) + OH^-(aq)$$

Da dieses Gleichgewicht durch die erhöhte Temperatur nach rechts verschoben ist, müsste in der Lösung eigentlich eine alkalische Reaktion feststellbar sein (Rotkohlsaft grün, s. Versuch Nr.12). Es wird jedoch nur eine Blaufärbung, zusätzlich aber eine Trübung beobachtet. Diese ist auf die Ausfällung von vor allem Calciumcarbonat zurückzuführen, d. h. die Carbonat-Ionen werden gebunden:

$$Ca^{2+}(aq) + CO_3^{2-}(aq) \rightarrow CaCO_3\downarrow$$

Das obere Gleichgewicht zwischen Carbonat-Ionen und Hydrogencarbonat- und Hydroxid-Ionen wird somit nicht wirksam, die Carbonat-Ionen werden an Calcium-Ionen gebunden.

Hier spielt das sogenannte *Kalk-Kohlensäure-Gleichgewicht* eine wesentliche Rolle (s. auch Versuch Nr. 2 in Kap. 1.1):

$$CaCO_3 + CO_2 + H_2O \leftrightarrows Ca^{2+}(aq) + 2\,HCO_3^-(aq)$$

Das System der beiden Gleichgewichte bezeichnet man auch als »gekoppelte«, miteinander verbundene Gleichgewichte.

2.3 Laugen: Von der Waschsoda bis zum Rohrreiniger

Außer dem Natriumhydroxid (im Rohrreiniger) werden in Alltagsprodukten zahlreiche, in Wasser alkalisch reagierende Produkte verwendet, die in Tabelle 3 zusammengestellt sind. Sie haben in den Produkten unterschiedliche Funktionen, die ebenfalls aus Tabelle 3 zu entnehmen sind.

Tabelle 3 Basen und basische reagierende Substanzen in Alltagsprodukten.

Base (basisch reagierende Substanz)	Produkt	Verwendung
Natriumhydroxid (NaOH)	Rohrreiniger	Spaltung von Fetten und Eiweißen
Ammoniak (NH_3)	Metallpolitur (Sidol)	Lösen von Grünspan
Soda (Natriumcarbonat: Na_2CO_3)	Waschsoda, Waschmittel	Waschen
Pottasche (Kaliumcarbonat: K_2CO_3)	Backtriebmittel	Backen
Natriumsalze von Fettsäuren	Seife	Reinigungsmittel

Die in der Tabelle genannten Substanzen reagieren *alkalisch*, weil sie in wässriger Lösung Hydroxid-Ionen freisetzen.

NaOH (Natriumhydroxid):

$$NaOH(aq) \rightarrow Na^+(aq) + OH^-(aq)$$

Natriumhydroxid (auch als Ätznatron bezeichnet) ist eine farblose, hygroskopische, ätzende kristallisierte Substanz mit einem Schmelzpunkt von 322 °C. In Wasser löst sie sich unter starker Wärmeentwicklung zu *Natronlauge*, sie dissoziiert in Natrium- und Hydroxid-Ionen.

Ammoniak:

$$NH_3(aq) + H_2O \leftrightarrows NH_4^+(aq) + OH^-(aq)$$

Ammoniak bildet erst durch die Reaktion mit Wasser (Hydrolyse) Ammonium- und Hydroxid-Ionen.

Abb. 6 Basisch, neutral und sauer reagierende Salze in Supermarktprodukten vom Lebkuchen- und Pfefferkuchen-Triebmittel (mit Hirschhornsalz, Natriumhydrogencarbonat und Kaliumhydrogentartrat) bis zu Natron (Natriumhydrogencarbonat) und Waschsoda (Natriumcarbonat). abc-Trieb: »Ammoniumbicarbonat-Trieb«.

Säure-Base-Reaktionen

Soda und Pottasche (Na_2CO_3 bzw. K_2CO_3):
Dissoziation im Wasser : $Na_2CO_3(f) \rightarrow 2\ Na^+(aq) + CO_3^{2-}(aq)$
Reaktion der Carbonat-Ionen mit Wasser: $CO_3^{2-}(aq) + H_2O \leftrightarrows HCO_3^-(aq) +$ **OH^-**(aq)

Soda (= Natriumcarbonat) hat wasserfrei (calciniert) einen Schmelzpunkt von 851 °C. Natriumcarbonat kristallisiert mit 1, 7 oder 10 Mol Wasser (Schmelzpunkte 105, 35 bzw. 32 °C).

Pottasche (Kaliumcarbonat) bildet farblose Kristalle oder stellt ein weißes Pulver dar (Schmelzpunkt 891 °C); beide lösen sich sehr leicht in Wasser.

Seife:
$R\text{-}COO^-(aq) + H_2O \rightarrow R\text{-}COOH(aq) +$ **OH^-**(aq) (Vorgang der *Hydrolyse*)

Seifen sind Natriumsalze von Fettsäure – R-COONa (R zwischen C_9H_{19}- und $C_{17}H_{35}^-$: Kohlenwasserstoffreste der Caprinsäure, z. B. im Cocosfett, bzw. der Stearinsäure, vorwiegend in tierischen Fetten); flüssige Seifen sind Kaliumsalze. Die relativ schwachen aliphatischen Carbonsäuren (gering dissoziiert) binden aus dem Wasser stammende Wasserstoff-Ionen, wodurch Hydroxid-Ionen im Überschuss vorliegen.

Versuch Nr. 12	**Basische Salze und Produkte: Soda, Pottasche und Seife**
Materialien	Rotkohlextrakt (als Indikator), Soda, Pottasche, Seife (fest oder flüssig), Schnappdeckelgläser, Plastikpipetten, Löffel
Durchführung	Die Schnappdeckelgläser werden jeweils zur Hälfte mit Wasser gefüllt. Dann pipettiert man jeweils so viel Rotkohlextrakt hinzu, dass eine deutlich gefärbte Lösungen entsteht. In jeweils einem der Gläser wird dann je ein kleiner Löffel Soda, Pottasche sowie etwas abgeschabte Seife bzw. einige Tropfen flüssiger Seife gelöst.
Beobachtungen	Die zuvor rotviolette Farbe des Rotkohlextraktes schlägt nach Grün um.
Erläuterungen	Infolge der Hydrolyse von Carbonat-Ionen reagieren die Salze Soda (Natriumcarbonat) und Pottasche (Kaliumcarbonat) alkalisch. Seifen bestehen aus Natrium- oder Kaliumsalzen aliphatischer Carbonsäuren, deren Anionen ebenfalls infolge der Hydrolyse eine alkalische

Reaktion im Wasser ergeben. Der Versuch ermöglicht auch eine Unterscheidung zwischen einem Tensidgemisch (neutral) und flüssiger Seife (alkalische Reaktion) und ist zur Prüfung von flüssigen Hautreinigungsmitteln auf Seifenanteile geeignet.

Abb. 7 Historische Werbung (Ende des 19. Jahrhunderts) für Seife, hier eine *Schwimmseife* der Königlich Bayerischen Hofseifenfabrik Ribot, gegründet 1849 von Philipp Benjamin Ribot (1823–1893) in Schwabach, bis zur Schließung 1960 in Familienbesitz. Seifengeräte und -produkte im Stadtmuseum von Schwabach, einer der größten Sammlungen von Objekten zur Seifenherstellung in Deutschland (www.schwabch.de/stadtmuseum/00283.html).

Versuch Nr. 13   Umwandlung von Natron in Soda

Materialien   Natron (Natriumhydrogencarbonat), 25-mL-Becherglas, Heizplatte, Rotkohlextrakt, Plastikpipette

Durchführung   Natron wird bis zur annähernden Sättigung in Wasser im Becherglas gelöst. Dann fügt man einige Tropfen Rotkohlextrakt hinzu und erhitzt auf der Heizplatte bis zum Sieden.

Beobachtungen   Die vor dem Erhitzen blaue Farbe der Lösung schlägt nach Grün um.

Erläuterungen   In 100 mL Wasser lösen sich bei 15 °C 8,8 g und bei 30 °C 11,0 g Natron. Erhitzt man die vom Indikator Rotkohlsaft blau gefärbte Lösung bis zum Sieden, so schlägt die Farbe infolge einer alkalischen Reaktion nach Grün um. Das Gleichgewicht zwischen Hydrogencarbonat- und Carbonat-Ionen hat sich nach rechts verschoben:

$$2\ HCO_3^-(aq)\ (+\ \text{Wärmeenergie}) \rightarrow CO_3^{2-}(aq) + CO_2\uparrow + H_2O$$

Die Gleichung von rechts nach links gelesen stellt zugleich die Bildungsreaktion von Natriumhydrogencarbonat aus Natriumcarbonat dar.

In der zweiten Reaktion – beide Reaktionen sind als gekoppelte Gleichgewichtsreaktionen zu betrachten – erfolgt die Bildung von Hydroxid-Ionen infolge der Hydrolyse von Carbonat-Ionen (s.o. unter »Soda und Pottasche«).

Man bezeichnet den Vorgang, wenn er ohne Wasser durchgeführt wird, auch als *Calcination*:

$$2\ NaHCO_3\ (+\ \text{Wärmeenergie}) \rightarrow Na_2CO_3 + H_2O\uparrow + CO_2\uparrow$$

Die frühen Chemiker, die Alchemisten, verstanden unter Calcinieren oder Calcination eine »Verkalkung«, eine Umwandlung von Metallen in ihre »erdigen Oxide«. In der modernen chemischen Technologie wird dieser Begriff für Glühprozesse verwendet, bei denen Carbonate in Oxide umgewandelt werden.

Heute definieren wir *Calcinieren* allgemein als das Erhitzen fester Materialien bis zu einem bestimmten Zersetzungsgrad. Dabei kann sowohl Kristallwasser ganz oder teilweise entfernt werden als auch eine Zersetzung beispielsweise durch Abspaltung von Kohlenstoffdioxid stattfinden (Beispiel: Brennen von Kalk).

Anregung für weitere Versuche:

Den Vorgang der Calcinierung kann man mit Natronpulver im Reagenzglas (über einer Bunsenflamme) oder auch im Becherglas durchführen. Dabei lässt sich die Bildung von sowohl Wasser (als Dampf) als auch Kohlenstoffdioxid (Erlöschen einer Zündholzflamme) nachweisen.

Versuch Nr. 14	**Erhitzen einer Lösung von Hirschhornsalz**
Materialien	Hirschhornsalz, 25-mL-Becherglas, Rotkohlextrakt, Plastikpipette, Heizplatte, Löffel
Durchführung	In ein zu einem Drittel mit Wasser gefülltes Becherglas tropft man so viel Rotkohlextrakt, dass eine deutliche Färbung erreicht ist. Darin wird ein Löffel Hirschhornsalz gelöst und die Lösung auf der Heizplatte einige Zeit zum Sieden erhitzt.
Beobachtungen	Die Rotkohlextrakt enthaltende Lösung ist nach dem Lösen des Hirschhornsalzes blau. Beim Erhitzen kann man den Geruch nach Ammoniak wahrnehmen, und die Farbe schlägt langsam nach Grün um.
Erläuterungen	Hirschhornsalz besteht überwiegend aus Ammoniumcarbonat (daneben Ammoniumhydrogencarbonat), somit aus einer schwachen Base und einer relativ schwachen Säure. Die annähernd neutrale Reaktion im Wasser ist auf folgende Gleichgewichte zurückzuführen:

$$NH_4^+(aq) + H_2O \leftrightarrows NH_3(aq) + H_3O^+(aq)$$
$$CO_3^{2-}(aq) + H_2O \leftrightarrows HCO_3^-(aq) + OH^-(aq)$$
$$H_3O^+(aq) + OH^-(aq) \leftrightarrows 2\,H_2O$$

Die aus Ammonium-Ionen entstehenden Oxonium-Ionen und die aus dem Gleichgewicht von Carbonat- und Hydrogencarbonat-Ionen stammenden Hydroxid-Ionen bilden somit im Gleichgewicht das neutrale Wassermolekül – daher die annähernd neutrale Reaktion bei Raumtemperatur im Wasser. Das Ammoniumsalz einer starken Säure reagiert im Wasser sauer (Beispiel Ammoniumchlorid), das Carbonat einer starken Base basisch (Beispiel Natriumcarbonat).

Beim Erhitzen verschieben sich die Gleichgewichte jeweils nach rechts und die Gesamtreaktion kann wie folgt formuliert werden:

$$NH_4^+(aq) + CO_3^{2-}(aq)\ (+\ \text{Wärmeenergie}) \rightarrow NH_3\uparrow + CO_2\uparrow + OH^-$$

2.4 Aus Säuren werden Salze: Vom Speise- bis zum Badesalz

Mit Salz werden in der Alltagssprache nicht nur die Speisesalze bezeichnet. Im Supermarkt finden wir jedoch bereits im Regal mit dieser Produktgruppe nicht nur das »gewöhnliche« Kochsalz, sondern ein vielfältiges Angebot mit Zusätzen wie Fluorid und Jod (als Iodat) bis zum »Leichtsalz« und zu den Kräutersalzen. Mit der Bezeichnung Salz werden aber auch Produkte aus dem Bereich der Reinigungsmittel (Fleckensalze, Färbesalze) oder der Kosmetika (Badesalze) benannt. Salze im engeren chemischen Sinne bzw. als Einzelsubstanzen sind beispielsweise Soda, Natron und Hirschhornsalz, die bereits im Kapitel 2.3 mit ihren Eigenschaften vorgestellt wurden.

Der bedeutende schwedische Chemiker Torbern Bergman (1735–1784) schrieb in der zweiten Hälfte des 18. Jahrhunderts:

> Salz hiess in frühern Zeiten ein jeder in Wasser lösliche Körper und man machte zuletzt die Bestimmung, dass alles was schmecke und sich in weniger als 500 Theilen Wasser löse, ein Salz sey.

Georg Christian Wittstein berichtet in seinem »Vollständigem etymologisch-chemischen Handwörterbuch« (1847) weiterhin, indem er sich auf das Lehrbuch von Berzelius (1835) bezieht:

> Die weitere Eintheilung der Salze kann nach sehr verschiedenen Principien geschehen. Früher unterschied man Neutralsalze und Mittelsalze; zu den ersteren gehörten die der Alkalien und alkalischen Erden, weil die meisten unter ihnen die Pflanzenfarben nicht verändern; zu den letzteren die der Erden und Metalle, in denen die Säure nicht so vollständig von der Base gesättigt ist, dass sie aufhören sauer zu reagieren. Die sauer reagierende nannte man noch saure, die alkalisch reagirenden basische Salze. Der Begriff von neutralem Salz hat aber nach BERZELIUS eine andere Bedeutung bekommen (...), ebenso der von basischen und saurem Salz; auf die Veränderungen, welche die Pflanzenfarben von den Salzen erleiden, wird nemlich dabei keine Rücksicht mehr genommen, sondern ein jedes Salz, welches mehr Base als sein entsprechendes neutrales, ein basisches, und ein jedes Salz, welches mehr Säure als sein entsprechendes neutrales enthält, ein saures genannt.

Der Begriff *Salz* wird in der Chemie heute als Sammelbezeichnung für meist feste Verbindungen aus anorganischen und/oder organischen Kationen und Anionen bzw. Säureresten (mit Ionenbindung) verstanden, die sehr unterschiedlich aufgebaut sein können. Unterschieden wird auch zwischen *Neutralsalzen* wie dem Natriumchlorid, *sauren Salzen* wie den primären oder sekundären Phosphaten und *basischen Salzen* wie dem Calciumhydroxidnitrat. Als *Oniumsalze* werden beispielsweise Ammoniumchlorid und quartäre Ammoniumsalze bezeichnet. Weitere Differenzierungen beinhalten die Begriffe *gemischtes Salz* (wie Chlorkalk als Ca(OCl)Cl oder Magnesium-Ammoniumphosphat als $MgNH_4PO_4$), *Doppelsalze* (wie Alaun als Kalium-Aluminium-Sulfat) sowie Komplexsalze wie das Kalium- oder Natriumhexacyanoferrat, das auch in Supermarktprodukten zu finden ist.

Das älteste und am meisten verwendete Würzmittel ist das *Speise-* oder *Kochsalz* – das Natriumchlorid. Im Handel sind u. a. Siedesalze (gewonnen durch das Eindampfen von Sole), Meersalze (gewonnen durch Verdunsten von salzhaltigem Meerwasser) und Steinsalze (in Salzbergwerken abgebaut – *Halit*). Kochsalze werden in unterschiedlich großen Kristallen angeboten (s. Tab. 4). In grobkörniger Form müssen sie keine Zusatzstoffe enthalten.

Tabelle 4   Warenkunde der Speisesalze.

Bezeichnung	Zutaten
Salz grobkörnig	
Mühlensalz grob	
Meersalz – Naturkristalle, grobkörnig	
Tafelsalz fein	Siedesalz, Trennmittel E 535
Markensalz	Siedesalz, Trennmittel Calciumcarbonat und Magnesiumcarbonat
Siedesalz	Trennmittel Calciumcarbonat und Magnesiumcarbonat, Natriumfluorid 0,047–0,064 %, Kaliumjodat mind. 0,0025 %
Jodiertes Speisesalz	
Bad Reichenhaller Jodsalz m. Fluor	Trennmittel Calciumcarbonat, Kaliumfluorid 0,058 %–0,076 %, Kaliumjodat mind. 0,0025 %. »Bad Reichenhaller Jodsalz mit Fluor enthält in 100 g: Calcium 600 mg, Magnesium 100 mg, Carbonat 1200 mg, Kalium 80 mg, Jod 1,5-2,5 mg, Fluor 19-25 mg«
Marken Jod Salz (Reines Alpensalz aus Natursole) + *Fluorid*	
KräuterSalz (ohne Zusatz von Rieselhilfen)	
Knoblauch Jod-Salz mit Kräutern	Jodiertes Speisesalz, Knoblauch 10 %, Kräuter 5 % (...), Trennmittel Kieselsäure
Natursalz	
Natursalz vom Toten Meer	
Gourmet Ur-Salz a. d. Kalahari	»Mittelwerte per 100 g: Calcium 800 mg, Magnesium 300 mg, Zink 15 mg, Eisen 14 mg, Phosphor 800 mg«
Salzblumen aus der Guérande	
LeichtSalz	Jodiertes Speisesalz 50 %, Kaliumchlorid, Magnesiumsulfat, Trennmittel Calciumcarbonat und Magnesiumcarbonat

Damit aber feinkörnige Produkte rieselfähig bleiben und nicht verklumpen, werden feinpulverige (zugleich wasserbindende) Stoffe wie Calcium- und/oder Magnesiumcarbonat (E 170 bzw. E 504) bzw. kolloidale Kieselsäure (E 551) zugesetzt. Für die Sole eines Siedesalzes werden bis zu 20 mg je Kilogramm Kalium- oder Natriumhexacyanoferrat (E 536 bzw. E 535) verwendet, wodurch beim Auskristallisieren eine veränderte Kristallstruktur entsteht. Der gleiche Effekt kann beispielsweise beim Steinsalz durch Aufsprühen einer Hexacyanoferrat(II)-Lösung erzielt werden. Zur Vorbeugung des Iodmangels wird Salz mit dem Zusatz an Iodat (zugelassen auch als Iodid) angeboten. Der Fluorid-Zusatz dient der Kariesvorbeugung (s. Tab. 4). Natursalze enthalten Mineralstoffe, deren Gehalte auch häufig deklariert sind. Ein spezielles Salz aus dem Bereich der diätetischen Nahrungsmittel stellt das *Leicht-Salz* dar, in dem Natriumchlorid durch Kaliumchlorid ersetzt ist. Weiterhin werden *Kräutersalze* als Würzmittel im Handel angeboten (s. Tab. 4).

Als *Backtriebmittel* werden Substanzen oder Gemische bezeichnet, die unter dem Einfluss von Feuchtigkeit und/oder Hitze infolge einer chemischen Umsetzung Kohlenstoffdioxid zur Teiglockerung entwickeln. In der 7. Auflage von »Merck's Warenlexikon für Handel, Industrie und Gewerbe« (1920), herausgegeben von dem Lebensmittelchemiker A. Beythien und dem Drogisten E. Dreßler, ist zu lesen:

> Backpulver nennt man chemische Präparate, welche an Stelle der Hefe benutzt werden, um wie diese ein Aufgehen des Teiges zu verursachen. Ihre Wirkung beruht darauf, daß sie bei höherer Temperatur oder beim Feuchtwerden Kohlensäure abspalten. Das bekannteste Mittel ist Hirschhornsalz (Ammoniumkarbonat), das aber den Nachteil hat, bei ungenügender Backhitze dem Gebäck einen widerlichen Ammoniakgeruch zu verleihen. Alle übrigen, auch die mit großer Reklame vertriebenen B. des Handels sind Mischungen von Alkalikarbonaten (doppelkohlensaures Natron) mit Weinsäure oder sauren Salzen (Weinstein, saures Kaliumphosphat u.a.)...

Die heute im Supermarkt angebotenen *Backpulver* enthalten entweder Natron (Natriumhydrogencarbonat) und Dinatriumhydrogenphosphat oder aber Kaliumhydrogentartrat (Weinstein) und Natriumcarbonat bzw. Natriumhydrogencarbonat.

Natron zählt auch zu den frei verkäuflichen Arzneimitteln, wegen seiner Wirkung gegen eine Übersäuerung des Magens historisch und sehr erfolgreich als *Bullrich Salz* seit 1827 vermarktet. Weitere Anwendungen sind die Enthärtung kalkhaltigen Trinkwassers (Fällung von Calciumcarbonat) und die Entsäuerung von Speisen.

Pottasche (Kaliumcarbonat) wird speziell zur Lockerung von Lebkuchenteig verwendet. Infolge der alkalischen Reaktion von Kaliumcarbonat in Wasser wird die Bräunung im Vergleich zur Wirkung von Backpulver verstärkt. Kaliumcarbonat bewirkt außerdem, dass die festen Teige beim Backprozess »breit treiben«.

Hirschhornsalz besteht aus Ammoniumcarbonat und kann auch Ammoniumhydrogencarbonat sowie geringe Mengen Ammoniumcarbamat infolge des Herstellungsprozesses enthalten. Durch Erhitzen eines Gemisches aus Ammoniumsulfat und Schlämmkreide (früher mittels trockener Destillation aus gepulvertem Hirschhorn oder von Hufen und Klauen gewonnen) finden folgende Reaktionen statt:

$(NH_4)_2SO_4 + CaCO_3 \rightarrow CaSO_4\downarrow + (NH_4)_2CO_3$
$(NH_4)_2SO_4 + 2\,CaCO_3 + 2\,H_2O \rightarrow CaSO_4\downarrow + 2\,NH_4HCO_3 + Ca(OH)_2$

Beim Einleiten von Kohlenstoffdioxid in Ammoniakwasser kann auch *Ammoniumcarbamat* entstehen:

$O=C=O + 2\,NH_3 \rightarrow O=C(ONH_4)(NH_2)\ [H_2N-COONH_4]$

Alle drei Substanzen zersetzen sich in der Hitze zu Ammoniak, Wasser und Kohlenstoffdioxid, das Carbamat nur zu Ammoniak und Kohlenstoffdioxid. Am instabilsten ist das Ammoniumhydrogencarbonat, das sich oberhalb von 58 °C zersetzt (dazu s. auch Kap. 2.3 und 3.3).

Über *Badesalze* (Tab. 5) ist in der »Warenkunde für den Seifen-Parfümerien- und Bürstenhandel« aus dem Jahr 1950 von H. Wurm zu lesen:

> Badesalze bestehen aus einem Grundstoff, dem Salz, einem Riech- und einem Farbstoff. Ihre Herstellung erfordert große Sorgfalt und Erfahrung. Sie sollen nicht nur ansprechend und zweckentsprechend gefärbt und parfümiert sein, sondern auch eine schöne kristallinische Form haben, die sich weder in der Wärme noch in der Sonne verändern darf. [...]
>
> Die Beliebtheit der Badesalze ist auf verschiedene Gründe zurückzuführen. Sie erweichen das Badewasser und wirken emulgierend auf das überschüssige Fett (auf!) der Haut. Durch ihren angenehmen Geruch rufen sie ein allgemeines Wohlbefinden bei den Badenden hervor....

Säure-Base-Reaktionen

> Badetabletten bestehen aus denselben Grundstoffen wie die Badesalze... Die ›brausenden‹ oder sprudelnden Badetabletten enthalten in der Regel doppeltkohlensaures Natron und Weinsäure und werden in Doppelpackungen so hergestellt, daß die eine Tablette Natron, die andere Säure enthält und beide durch eine Zellophanscheibe getrennt werden.«

Fleckensalze bilden eine eigene Produktkategorie und bestehen vor allem aus einem Bleichmittel, dem Natriumpercarbonat (15–40 %), einem Bleichaktivator (TAED, Tetraacetylethylendiamin; 5–15 %), anionischen und nichtionischen Tensiden (5–15 %), Soda, Silicaten oder Polycarboxylaten als Builder (zur Wasserenthärtung; 15–30 %), organischen Komplexbildnern (5–10 %) und Enzymen (0–5 %). Versuche mit diesen Produkten finden sich in Kap. 6.3., 6.5 sowie 8.

Soda (Natriumcarbonat) wird auch als *Waschsoda* bezeichnet und ist in allen Waschmitteln enthalten (s. Kap. 2.3).

Tabelle 5 Beispiele für Badesalze.

Aroma Sprudelbad (Kneipp classic)
Ingredients: Sodium Bicarbonate, Sodium Chloride, Citric Acid, Lac (Whey) Powder, Glycine, Soja (Soybean) Oil, Zea Mays (Corn) Starch, Abies Sibirica Oil, Abies Holophylla Leaf Oil, Pinus Pinaster Oil, Eucalyptus Globulus Leaf Oil, Limonene, Parfum (Fragrance), Silica, Sodium Methyl Oleoyl Taurate, CI 47005, CI 42051.

Sprudelbad für Kinder (Dresdner Essenz)
Kontrollierte Naturkosmetik. Inhaltsstoffe: Meersalz, Kreide, Kartoffelstärke, Zitronensäure, anionisches Tensid, Sesamöl, natürliche Duftstoffmischung, hydrolysiertes Weizenprotein, Lezithin, Grapefruitöl, Salz, kennzeichnungspflichtige Duftstoffe*, Gardenien-Extrakt, Maltodextrin, Orangenöl.

Belebendes Bade-Salz
Bestandteile: Sodium Sesquicarbonate, Sodium Bicarbonate, Sodium Carbonate, Magnesiumsulfate, Sodium Dodecylbenzenesulfonate, Pentasodium Triphosphate, Parfum, CI 47005, CI 42051.
[*Sodium Sesquicarbonate*: $Na_3H(CO_3)_2 = Na_2CO_3 \cdot NaHCO_3$; *Pentasodium Triphosphate*: $Na_5H_4(PO_4)_3$ – saures trimeres Phosphat]

Sprudelnder Badekomet
»Ingredients: Natrium Bicarbonat, Zitronensäure, grobes Meersalz, Parfüm, Arame Algen (Eisenea arborea), Zitronenöl (Citrus Limonum), Lavendelöl (Lavandula augustifolia), Algen Absolue (Fucus vesiculosus) #Eugenol, #Geraniol, #Limonen, #Linalool. Farbe 42045. #Kommt natürlich in ätherischen Ölen vor. Vegan.«

Original Totes Meer Badesalz
»...reich an Mineralien und Spurenelementen wie Magnesium, Kalzium, Natrium, Brom und Eisen...« (Originalaufschrift)

---

* In der englischsprachigen »Ingredients«-Liste (INCI) steht: Geraniol, Linalool, Benzyl Benzoate. INCI = International Nomenclature Cosmetic Ingredients

15 Wasserlöslichkeit verschiedener Salze
16 Löslichkeit und Reaktionen in Essigsäure

Versuch Nr. 15 — Wasserlöslichkeit verschiedener Salze

Materialien Schnappdeckelgläser, ausgewählte Produkte (aus Tab. 4 und 5)

Durchführung Jeweils der Boden eines Glases wird mit einem Salz bedeckt. Dann fügt man bis zu einem Drittel des Glasvolumens Wasser hinzu, verschließt das Glas und schüttelt.

Beobachtungen Nicht alle Salze werden sich im Wasser vollständig lösen.

Erläuterungen Zu den in Wasser schwer (schlecht), d. h. unvollständig löslichen Salzen zählen Calciumcarbonat, Magnesiumcarbonat und Calciumsulfat.

Versuch Nr. 16 — Löslichkeit und Reaktionen in Essigsäure

(Fortsetzung der Versuchsreihe aus Versuch Nr. 15)

Materialien s. Experiment Nr. 15, Plastikpipette, Essigessenz

Durchführung Den Gläsern mit dem Inhalt aus Experiment Nr. 15 werden mithilfe der Plastikpipette 1–2 mL Essigessenz zugefügt. Zunächst wird festgestellt, ob eine Reaktion eintritt (Gasentwicklung). Danach verschließt man die Gläser mit noch ungelöstem Salz und schüttelt kurz durch.

Beobachtungen Aus carbonathaltigen Salzen entwickelt sich das Gas Kohlenstoffdioxid. Das Leichtsalz wird sich auch in essigsaurer Lösung nicht vollständig auflösen, da bei der chemischen Reaktion Calciumsulfat entsteht.

Versuch Nr. 17 — Neutral, sauer oder basisch reagierende Salze (s. a. Kap. 2.3)

Materialien ausgewählte Salze, Rotkohlextrakt, Schnappdeckelgläser, Plastikpipette

Durchführung Die ausgewählten Salze werden wie im Versuch Nr. 15 beschrieben in Wasser gelöst. Dann fügt man jeweils einige wenige Tropfen Rotkohlextrakt hinzu.

Beobachtungen Je nach Art des Salzes wird die Farbe des Rotkohlextraktes unverändert bleiben (neutral regierendes Salz) bzw. seine Farbe nach Blau bis Grün (schwach bzw. stark alkalisch) ändern.

Erläuterungen Salze aus starken Säuren (wie Salzsäure) und starken Basen (wie Natriumhydroxid) lösen sich im Wasser ohne pH-Änderung (Natriumchlorid). Salze aus starken Basen und schwachen Säuren wie das Natriumcarbonat reagieren basisch.

Versuch Nr. 18 — Bromid in ›Original Totes-Meer-Badesalz‹

Materialien »Original Totes-Meer-Badesalz«, Essigessenz, chlorhaltiger Reiniger, Reinigungsbenzin, 2 Plastikpipetten, Schnappdeckelglas

Durchführung In einem Schnappdeckelglas wird eine Löffel voll »Totes-Meer-Badesalz« in Essigessenz gelöst. Dann fügt man etwa das gleiche Volumen an Reinigungsbenzin hinzu. Danach werden 1–2 Tropfen des chlorhaltigen Reinigers zugetropft, das Glas verschlossen und ca. 30 Sekunden geschüttelt.

Beobachtungen Bereits nach der Zugabe des chlorhaltigen Reinigers tritt eine Gelbfärbung auf. Nach dem Ausschütteln mit Benzin färbt sich die obere (Benzin-)Phase gelbbraun.

Erläuterungen Der deklarierte »hohe Anteil an gelöstem Brom« ist in Form von Bromsalzen, Bromiden, vorhanden. Mithilfe der Oxidation durch Chlor erhält man aus den Bromid-Ionen elementares Brom, das sich gut in Benzin mit braungelber Farbe löst.

Versuch Nr. 19 — Thermische Zersetzung von Salzen

Materialien: 3 Bechergläser, Kochplatte, Hirschhornsalz, Natron, Bade- oder Kräutersalz, 3 Schnappdeckelgläser, Rotkohlextrakt, Plastikpipette, Löffel (Spatel)

Durchführung: Der Boden der Bechergläser wird jeweils mit Salz bedeckt, die Gläser auf der Kochplatte erhitzt, eventuelle Veränderungen registriert. Nach dem Abkühlen füllt man etwas von dem Salz aus dem Becherglas in ein Schnappdeckelglas, löst in Wasser (Drittel des Glasvolumens) und fügt einige Tropfen des Rotkohlextraktes hinzu. Die entstehende Farbe wird festgestellt.

Beobachtungen und Erläuterungen: Hirschhornsalz zersetzt sich in Ammoniak (Geruch), Wasser und Kohlenstoffdioxid. Natron spaltet Kohlenstoffdioxid und Wasser ab, sodass Natriumcarbonat entsteht (s. dazu auch Kap. 3.4). In Bade- und Kräutersalzen können farbverändernde Zersetzungen organischer Stoffe auftreten. Natron reagiert nach dem Erhitzen durch den Gehalt an Soda alkalischer als reines Natron.

3 Gasentwicklungen

Ostwald geht in seinem Buch »Die wissenschaftlichen Grundlagen der analytischen Chemie« im Kapitel »Die chemische Scheidung« auf Reaktionen mit Gasentwicklung wie folgt ein:

> Für die Entwicklung eines Gases aus seiner Flüssigkeit, in welcher es seinen Bestandteilen nach oder potentiell enthalten ist, gelten ebenso wie bei Fällungen [s. Kap. 4] die Gesetze des heterogenen Gleichgewichts. Nur fehlt die Vereinfachung, welche bei der Fällung eintrat, dass einer der Stoffe von konstanter Konzentration ist. Zwar kann man das Gas, solange es rein ist und unter konstantem Drucke (z. B. dem der Atmosphäre) steht, als einen Stoff von konstanter Konzentration betrachten. Durch Beimischung eines anderen Gases gelingt es aber leicht, die Konzentration oder den Teildruck auf beliebig kleine Werte herabzubringen, und in dieser Möglichkeit liegt ein wichtiges analytisches Hilfsmittel.

3.1 Entdecker von Gasen: Beispiele aus der Wissenschaftsgeschichte

Der Arzt und Naturforscher *Paracelsus* (1493–1541) soll als Erster die Bezeichnung *Gas*, abgeleitet von Chaos, als Begriff für die unsichtbare, luftförmige Urmaterie verwendet haben. Aufgegriffen wurde er von Johannes Baptista van *Helmont* (1579–1644), Arzt und Anhänger des Paracelsus. Helmont, Sohn adeliger Eltern, studierte Philosophie, Naturwissenschaften und Medizin an der Universität Löwen. Ab 1599 beschäftigte er sich vor allem mit der Chemie. Nach Studienreisen durch die Schweiz, Italien, Frankreich und England ließ er sich in der Nähe von Brüssel nieder, wo er private Forschungen betrieb. Als *gas sylvestris* oder »wilden Geist« bezeichnete er das Verbrennungsprodukt von Kohle, das aus Kalkstein durch Säuren freigesetzte und auch durch Gärungsvorgänge entstandene Gas, das Kohlenstoffdioxid. Er beobachtete, dass die Flamme einer Kerze in einem geschlossenen Raum allmählich erlosch und darin enthaltenes Wasser anstieg. Im Unterschied zu Wasserdampf (als gasförmiges Wasser) konnte das *gas sylvestris* nicht kondensiert, nicht in eine flüssige

Form überführt werden. Und so formulierte er anhand seiner experimentellen Erfahrungen:

> Diesen bisher unbekannten Geist, der weder in einem Gefäß zurückgehalten noch in einen sichtbaren Körper umgewandelt werden kann, nenne ich Gas.

Weitere Untersuchungen scheiterten, weil man noch keine Verfahren kannte, Gase aufzufangen. Als eine spezielle Luftart war Kohlenstoffdioxid bereits im Altertum bekannt, da es auch beim Kalkbrennen entstand. Außerdem wurde das Gas Schwefeldioxid in der Antike zum Bleichen von Gewebe verwendet.

In der Physik der Gase wurden im 17. und 18. Jahrhundert Fortschritte vor allem durch die Erfindung des Quecksilberbarometers (1643 durch E. Torricelli), der Luftpumpe (um 1650 durch Otto von Guericke) und die Gesetze über die Änderung des Luftvolumens bei unterschiedlichen Drücken (1659, 1677 durch R. Boyle) erzielt. Ein weiterer Meilenstein war die Entwicklung der kinetischen Theorie der Gase durch D. Bernoulli 1738. Mit der Verwendung von Quecksilber als Sperrflüssigkeit in der pneumatischen Wanne (1772 durch J. Priestley) konnten Gase auch abgetrennt und aufgefangen werden.

Weitere wichtige Entdeckungen von Gasen erfolgten vor allem im 18. Jahrhundert: 1776 entdeckte H. Cavendish den *Wasserstoff*, 1771 C. W. Scheele das *Chlor* und den *Sauerstoff*, 1772 D. Rutherford den *Stickstoff*. Die besonders erfolgreichen *Gaschemiker* werden im Folgenden näher vorgestellt.

Zu ihnen gehört Henry *Cavendish* (1731–1810), als Sohn adeliger Eltern in Nizza geboren, der nach einem Studium ohne Abschluss an der Universität Cambridge sich 1753 in London ein Laboratorium einrichtete. In seiner ersten Veröffentlichung unter dem Titel »Experiments on factitious Air« (1766) berichtete er von Gasen, die nicht mit der natürlichen Luft identisch sind – so über Kohlenstoffdioxid, das er auch *fixe Luft* nannte und den *Wasserstoff*, den er als *inflammable air*, d. h. brennbare Luft bezeichnete und aus der Reaktion von verdünnter Schwefel- oder Salzsäure mit Eisen bzw. Zink erhielt. Durch Dichtebestimmung konnte er beide Gase ungeachtet ihrer Herstellung eindeutig unterscheiden und identifizieren. In einem Brief an Joseph *Priestley* (1733–1804), der unabhängig von Cavendish verschiedene wasserlösliche Gase wie Schwefeldioxid, Chlorwasserstoff und Ammoniak über Quecksilber in der pneumatischen Wanne auffing, berichtete Cavendish 1772 über ein Experiment, bei dem er Luft über glühende Kohle geleitet habe und nach Absorption der »fixen Luft«, des Kohlenstoffdioxids, in Ätzkali (Kaliumhydroxid) ein bis dahin unbekanntes Gas mit einem spezifisch geringeren Gewicht als Luft erhalten habe. Er nannte es »mephitische Luft« (mephitisch nach der altitalischen Göttin Mephitis, der Beherrscherin erstickender Dünste); es war der *Stickstoff*.

Als Entdecker des Elementes und Gases Stickstoff gilt jedoch Daniel *Rutherford* (1749–1819), von 1786 bis 1819 Professor für Botanik an der Universität Edinburgh. Er hatte unter Leitung von Joseph *Black* (1728–1799), seit 1766 Professor für Chemie in Edinburgh, in seiner Dissertation 1772 über seine Beobachtungen berichtet, dass bei Experimenten mit Mäusen unter einer Glasglocke nach der Absorption von Kohlenstoffdioxid ein »giftiges« Gas übrig blieb, welches Atmung und Verbrennung nicht unterhielt. Er erhielt Stickstoff auch beim Überleiten von Luft über brennenden Schwefel und glühende Kohle.

Cavendish führte über 400 Analysen der Luft an verschiedenen Orten durch und konnte anhand seiner Analysenergebnisse zeigen, dass die beiden Hauptbestandteile »mephitische Luft« (Stickstoff) und »dephlogistierte Luft« (Sauerstoff) – zur »Phlogistontheorie« s. Kap. 6 – in stets gleichem Verhältnis vorkommen. Er entwickelte ein Eudiometer (1793), mit dem er den Sauerstoffgehalt anhand der Reaktion mit Stickstoffmonoxid bestimmte (Eudiometer: einseitig verschlossenes, graduiertes Glasrohr zur Gasanalyse).

Beim Erhitzen von Braunstein (Mangandioxid) mit konzentrierter Schwefelsäure beobachtete Carl Wilhelm *Scheele* (1742–1786, geboren in Stralsund, 1770 bis 1775 Apotheker in Uppsala, danach in Köping) 1771 die »Vitriolluft«, später von ihm als »Feuerluft« bezeichnet, worüber aber erst 1777 eine umfangreiche chemische Abhandlung erschien. Trotzdem gilt er allgemein als Entdecker des Sauerstoffs. Nachdem diese Entdeckung dem französischen Chemiker Antoine Laurent *Lavoisier* (1743–1794) bekannt geworden war, entwickelte dieser aufgrund eigener Untersuchungen die Theorie der Oxidation von Stoffen (s. Kap. 6).

1774 gewann Scheele *Chlor* (aus Braunstein und Salzsäure), das erst 1810 von Davy als Element erkannt und als chlorine (griech. *chloros*, gelbgrün) bezeichnet wurde. Im selben Jahr beschäftigte er sich auch mit der Zusammensetzung von *Ammoniak*. Ammoniumsalze (wie Salmiak = Ammoniumchlorid) waren schon im Altertum Ägyptern und Arabern bekannt – möglicherweise geht die Bezeichnung auch auf den ägyptischen Sonnengott Ra Ammon zurück. Johann *Kunckel* (1630–1703) beschrieb die Entstehung des stark und charakteristisch riechenden Gases 1716 bei Gärungsvorgängen. 1727 stellte Stephen *Hales* (1677–1761) Ammoniak durch Erhitzen von Kalk und Salmiak her. Hales studierte Theologie, Chemie und Botanik und war ab 1709 als Pfarrer tätig. Er führte auch Experimente zur Gasgewinnung und Gasanalyse durch, entwickelte eine mit Wasser gefüllte pneumatische Wanne und be-

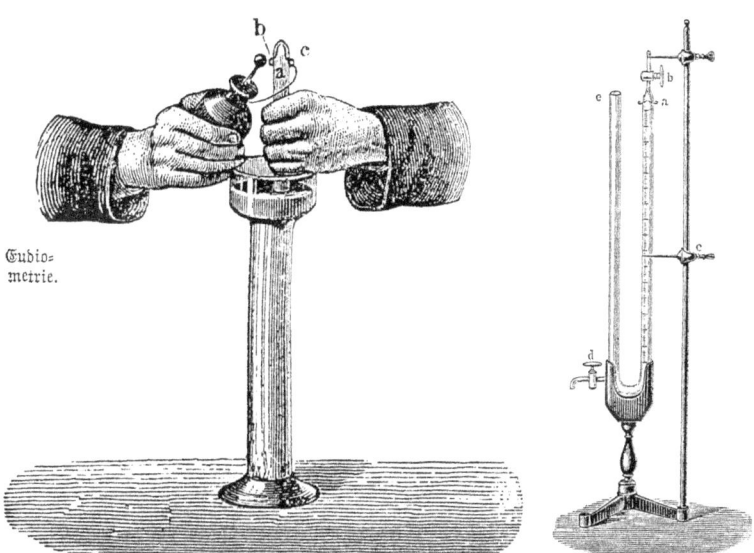

Abb. 8 Zwei verschiedene Eudiometer zur Bestimmung des Sauerstoffgehaltes in der Luft. Aus: J. Lorscheid, *Lehrbuch der anorganischen Chemie*, Freiburg 1887, mit folgendem Textauszug: »Um den Sauerstoffgehalt der atmosphärischen Luft zu bestimmen, verfährt man in folgender Weise: 1) In einer graduierten Glasröhre, Fig. 55 a (Eudiometer…), die an ihrem zugeschmolzenen Ende mit zwei eingeschmolzenen Platindrähten, b und e, versehen ist, bringt man über Quecksilber 100 Volumenteile atmosphärische Luft und 50 Volumenteile Wasserstoff. Durch den elektrischen Funken, Fig. 55, wird das Gemenge entzündet. Es verschwinden 63 Volumenteile, indem sich der Sauerstoff und Wasserstoff zu Wasser verbindet. 1/3 der verschwundenen Bestandteile (21) bestand aus Sauerstoff der atmosphärischen Luft. Es enthalten also 100 Volumenteile atmosphärischer Luft 21 Volumenteile Sauerstoff.

Sehr bequem ist das Eudiometer, Fig 56, in dessen graduierten Schenkel 20 ccm Luft (bei gleichem Quecksilberniveau) gebracht werden. Der Glashahn b, der auch der Länge nach durchbohrt ist, wird nun so gestellt, daß der Längskanal nach oben mündet. Nachdem Wasserstoffgas alsdann so lange durchgeströmt ist, bis sämtliche Luft aus der Röhrenleitung ausgetrieben ist, stellt man den Hahn so, daß der Längskanal nach unten mündet, indem man gleichzeitig Quecksilber abfließen läßt, bis ungefähr das ganze Gasvolumen 35–37 ccm bei gleichem Quecksilberniveau beträgt. Ehe man den Funken überspringen läßt, verschließt man den offenen Schenkel mit einem weichen Kork.«

schäftigte sich mit dem Einfluss der Luft auf das Wachstum von Pflanzen. Aus Mineralwasser trennte er das Kohlenstoffdioxid ab. Außer von Scheele wurde die chemische Zusammensetzung von Ammoniak 1785 von Claude Louis *Berthollet* (1748–1822, Leibarzt des Herzogs von Orléans mit eigenem chemischen Laboratorium) sowie 1800 von Humphry *Davy* (1778–1829, entdeckte das Lachgas Distickstoffmonoxid) ermittelt.

1784/85 veröffentlichte Cavendish sein Werk über »Experiments on Air«. Darin ist auch die Herstellung von *Knallgas* aus Wasserstoff und Sauerstoff mit elektrischen Funken beschrieben, wodurch der Nachweis erbracht wurde, dass Wasser kein Element ist, sondern aus diesen beiden Gasen besteht. Er ließ elektrische Funken auch längere Zeit auf ein abgeschlossenes Volumen Luft einwirken und wies danach eine Restmenge Gas nach, die 1/120 des ursprünglichen Volumens betrug. Erst ab 1894 wurden darin die *Edelgase* (Helium 1895 durch William *Ramsay*, 1852–1916) entdeckt.

Die bisher mit ihren wichtigsten gaschemischen Arbeiten vorgestellten Wissenschaftler gehören zu den bekannteren Chemikern. Weniger bekannt dagegen ist der Italiener Felice *Fontana* (1730–1805), der in Verona, Parma und Padua studierte und ab 1766 als Professor für Physik an der Universität in Pisa, später in Florenz und dort auch als Direktor des Museums für Physik und Naturgeschichte wirkte. Ihn würdigte Otto Krätz in seinem Buch »Faszination Chemie – 7000 Jahre Kulturgeschichte der Stoffe und Prozesse« (München 1990) u. a. wie folgt:

> 1774 hatte F. Fontana, Professor an der Universität von Florenz, eine überaus interessante chemische Reaktion gefunden, mit deren Hilfe man den Anteil des atembaren Teiles der Luft messen konnte. Er baute die pneumatische Wanne zum sogenannten ›Eudiometer‹ aus, ein ›Luftgütemesser‹. In einer kleinen Retorte übergoß er Kupferspäne mit Salpetersäure und erhielt ein farbloses Gas, das man damals ›Salpeterluft‹ nannte. Von dieser ›Luft‹ fing er in einem verschließbaren Röhrchen eine definierte Menge auf, ebenso in einem zweiten eine größere Menge normaler Luft. Vermischte er diese beiden ›Lüfte‹ über Wasser in einer pneumatischen Wanne beziehungsweise in einem Eudiometer, so bildeten sich zunächst braune Lüfte, die aber vom Wasser der Sperrflüssigkeit verschluckt wurden, und übrig blieb wieder eine ›Luft‹, in der man nicht atmen konnte. (…) Mit dieser Apparatur konnte man, wenn auch nicht besonders genau, die Güte der Luft messen, in dem man den atembaren Teil wegfing und das Restvolumen maß. Es wurde nun regelrecht zur wissenschaftlichen Reisemode, mit einem Fontanaschen Eudiometer möglichst überall die Güte der Luft zu messen, in fernen Ländern ebenso wie an abgelegenen Orten....

Fontana hatte in seinem Experiment durch die Umsetzung von Kupfer mit Salpetersäure zunächst Stickstoffmonoxid (farblos) erhalten, das dann zum braunen Stickstoffdioxid oxidiert wurde und in Wasser zu salpetriger Säure und Salpetersäure reagiert.

Fontana soll aber auch bei seinen Untersuchungen 1775 erkannt haben, das kohlensaures Wasser Lackmus rötet, und den Sauerstoffgehalt in Gasgemischen durch Umsetzung mit Stickstoffmonoxid volumetrisch bestimmt haben. 1780 entdeckte er das *Wassergas* (Gemisch aus Wasserstoff und Kohlenstoffmonoxid; durch Überleiten von Wasserdampf über glühende Kohle) und verwendete 1780 Kohle zur Adsorption von Gasen. Darüber hinaus beschäftige er sich mit der Zirkulation von Kohlenstoffdioxid in der Atmosphäre (1783), mit Fäulnisgasen (1791), mit der Gasaufnahme durch das Blut, der Sauerstoffausscheidung der Pflanzen und der physiologischen Wirkung des Wasserstoffs (nach W. Müller in: W. R. Pötsch (Hrsg.), *Lexikon bedeutender Chemiker*, Leipzig 1988).

W. *Ostwald* schrieb in seinem Buch »Die wissenschaftlichen Grundlagen der analytischen Chemie. Elementar dargestellt« (3. Aufl. 1901) über die *Gasentwicklung* u. a. – als Kernsätze zitiert:

> 1. Für die Entwicklung eines Gases aus einer Flüssigkeit, in welcher es seinen Bestandtheilen nach oder potentiell vorhanden ist, gelten ebenso wie bei Fällungen die Gesetzes des heterogenen Gleichgewichts. (...)
>
> 2. Bei Gaslösungen treten ebenso wie bei Lösungen fester Stoffe sehr leicht Uebersättigungserscheinungen ein, die bei geringen Graden lange bestehen können, bei erheblichen dagegen sich freiwillig aufheben und dann zu der Erscheinung des Aufbrausens Ursache geben. (...)

Diese Erscheinung tritt auf, wenn man eine Mineralwasserflasche öffnet!

Ostwald weist darauf hin, dass Gase, welche bei der Auflösung in Wasser größtenteils in Ionen übergehen, sich aus verdünnten Lösungen nicht mehr entfernen lassen – er nennt als Beispiele die Halogenwasserstoffsäuren – und ergänzt:

> Auch die Austreibung von Chlorwasserstoffgas aus wässeriger Salzsäure durch Zusatz von concentrirter Schwefelsäure, deren man sich gelegentlich zur Reinigung der rohe Salzsäure bedient, beruht auf der Rückbildung nicht dissociirten Chlorwasserstoffs (...). Dem-

entsprechend sind auch alle Gase, welche sich vollständig aus der wässerigen Lösungen entfernen lassen, entweder indifferenter Natur, oder wenn sie sauer oder basisch sind, so geben sie nur schwache Säuren und Basen. Ammoniak und Schwefeldioxyd bezeichnen ungefähr die Grenze dafür. Dieser Gesichtspunkt ist auch massgebend für die Ueberführung vorhandener Stoffe in Gase zum Zweck der Trennung: das entstehende Gas muss möglichst indifferenter Natur sein, den Ionen sind nicht flüchtig. Eine schwache Dissociation erschwert zwar die Trennung, hebt ihre Möglichkeit aber nicht auf. Denn wenn auch nur der nichtdissociirte Antheil Gasform annimmt und entfernt werden kann, so wird doch durch Verminderung des Antheils das Gleichgewicht stets in dem Sinne gestört, dass sich neue nichtdissociirte Substanz auf Kosten der Ionen bildet, bis diese schließlich verschwunden sind.«

An Beispielen mit Alltagsprodukten sollen diese theoretischen Aussagen deutlich gemacht werden.

3.2 Gasentwicklungen durch starke Säuren

Zur Definition starker und schwacher Säuren s. Kap. 2.1 und Tab. 1.

In Alltagsprodukten kommen als starke Säuren (pK_s-Werte 0 bis 4,5 – s. Kap. 2.1) Amidoschwefelsäure und Citronensäure in Kalkreinigern sowie Weinsäure und Ascorbinsäure vor. Schwache Säuren sind die Essigsäure und vor allem das Hydrogencarbonat. Der folgende Versuch zeigt die Entwicklung des Gases Kohlenstoffdioxid aus Hydrogencarbonat bzw. Carbonaten.

Versuch Nr. 20   **Sprudelndes Mineralwasser**

Materialien   Mineralwasser mit hohen Hydrogencarbonat-, jedoch geringen Kohlenstoffdioxid (»Kohlensäure«)-Gehalten, Citronensäure, Schnappdeckelglas, kleiner Löffel, Zündhölzer

Durchführung   Das Glas wird zur Hälfte mit Mineralwasser gefüllt. Es sollten dabei nur wenige Gasblasen entstehen. Dann fügt man einen Löffel Citronensäure hinzu. Nach dem Abklingen der Reaktion führt man ein brennendes Zündholz in die Gasatmosphäre des Glases ein.

Beobachtungen Sofort nach der Zugabe der Citronensäure tritt eine heftige Gasentwicklung auf. Das brennende Zündholz erlischt.

Erläuterungen Infolge der Entstehung von Oxonium-Ionen beim Lösen der Citronensäure im Mineralwasser verschiebt sich folgendes Gleichgewicht:

$$HCO_3^- + H_3O^+ \rightarrow 2\ H_2O + CO_2 \uparrow$$

Die schwächere »Kohlensäure« wird durch die stärkere Citronensäure aus ihrer Verbindung, dem Hydrogencarbonat-Ion, verdrängt. Da das Mineralwasser an Kohlendioxid weitgehend gesättigt ist, wird das Gas Kohlendioxid aus dem zweiten (heterogenen) Gleichgewicht (zwischen Flüssigkeit und Gasphase) in die Gasphase freigesetzt.

Versuch Nr. 21

Freisetzung von Kohlenstoffdioxid aus Salzen der ›Kohlensäure‹

Materialien Natron, Soda, Weinsäure, Essig, Citronensäure, Ascorbinsäure, Schnappdeckelgläser, Löffel, Plastikpipette

Durchführung Der Boden eines Glases wird jeweils mit Natron oder Soda bedeckt. Dann löst man in Wasser, das bis zu einem Drittel des Glasvolumens hinzugegeben wird. In die Gläser mit den Lösungen wird jeweils eine der Säuren hinzugefügt (Essig wird zugetropft, von den Säuren in Kristallform wird jeweils ein kleiner Löffel voll hinzugegeben).

Beobachtungen In allen Gläsern entstehen Gasblasen.

Erläuterungen Die verwendeten Säuren weisen pK_s-Werte zwischen 3,14 (Citronensäure) und 4,75 (Essigsäure) auf (Kap. 2.1). Der pK_s-Wert für das korrespondierende Säure-Base-Paar $HCO_3^- \leftrightarrows CO_3^{2-}$ dagegen beträgt 10,40.

Das bedeutet: Das Gleichgewicht liegt überwiegend auf der linken Seite, das Hydrogencarbonat-Ion, das im Wasser ein Wasserstoff-Ion abgeben kann, ist eine äußerst schwache Säure. Das Gleichgewichtssystem insgesamt lautet:

$$CO_2 + 3\ H_2O \leftrightarrows HCO_3^- + H_3O^+ + H_2O \leftrightarrows CO_3^{2-} + 2\ H_3O^+$$

Das »mathematisch« überflüssig erscheinende Wassermolekül in der Mitte des Systems ist erforderlich, um auch das vom Hydrogencarbonat dissoziierende Proton in Form des Oxonium-Ions schreiben zu können. Aufgrund der Zunahme an Oxonium-Ionen nach dem Auflösen der zugesetzten Säuren verschiebt sich das Gleichgewicht weitgehend bis vollständig auf die linke Seite. Wird dann die Löslichkeit des Kohlenstoffdioxids im Wasser bzw. in der Lösung überschritten, so verlässt es als Gas das System Wasser.

Das »*Denken*« *in Gleichgewichten* spielt somit bei der Betrachtung und Deutung bzw. zum Verständnis chemischer Reaktionen eine ganz wesentliche Rolle.

Versuch Nr. 22 — Kohlenstoffdioxid im Schaum gefangen

Materialien

Brausepulver, sprudelndes Badesalz u. ä. Produkte, Spülmittel, hohe Schnappdeckelgläser

Durchführung

Der Boden jeweils eines Glases wird mit Brausepulver oder Badesalz bedeckt (etwa die gleiche Menge verwenden). Dann fügt man zwei bis drei Tropfen Spülmittel sowie Wasser bis zu einem Viertel des Glasvolumens hinzu.

Beobachtungen

Es bilden sich Gasblasen beim Auflösen der Pulver, die einen mehr oder weniger hohen Schaum entwickeln, der auch über den Glasrand hinaussteigen kann.

Erläuterungen

Die genannten Salze enthalten in der Regel Natriumhydrogencarbonat (Natron) und eine organische Säure (Weinsäure, Citronensäure), durch deren Umsetzung Kohlenstoffdioxid freigesetzt wird. In Anwesenheit der Tenside bildet sich ein Schaum, ein sogenanntes instabiles *disperses System*, in dem ein großes Gasvolumen in einem kleinen Flüssigkeitsvolumen dispergiert ist. Als Schaumbildner, d. h. schaumbildendes, grenzflächenaktives Dispergiermittel, wirken hier die Tenside des Spülmittels. Je nachdem, wie viel Natron und Säure im Produkt enthalten sind, wird sich die Menge (das Volumen) an Schaum unterscheiden. Badesalze entwickeln in der Regel weniger Kohlenstoffdioxid als Brausepulver.

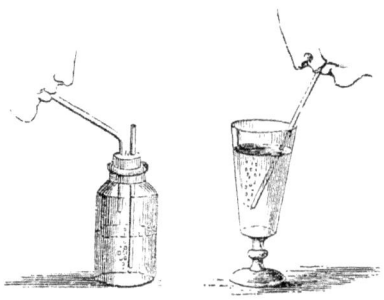

Abb. 9 Nachweis von Kohlenstoffdioxid in der Atemluft. Aus *Johnstons Chemie des täglichen Lebens*, Stuttgart 1887, mit folgendem Textauszug: »2. Es ist eine bereits erwähnte Eigenschaft der Kohlensäure, daß sie klares Kalkwasser schnell trübe und milchig macht, indem sie sich mit der aufgelösten Kalkerde zu unlöslichem weißen, kohlensauren Kalk verbindet. Füllt man eine Flasche etwa zur Hälfte mit Kalkwasser und zieht auf die in Fig. 116 dargestellte Weise Luft hindurch, so dauert es *sehr lange*, ehe die Klarheit des Wassers merklich abnimmt und noch länger, ehe es trübe wird. Das beweist, dass die atmosphärische Luft zwar Kohlensäure enthält, daß aber ihre Menge nur sehr gering ist. Bläst man (...) Luft durch das Kalkwasser (Fig. 117), d. h. lässt man Luft, die in den *Lungen* war, hindurchstreichen, so verschwindet die Klarheit des Wassers fast augenblicklich und in einigen Minuten ist es ganz milchig und trübe. Die Luft, welche aus den Lungen kommt, enthält also bei weitem mehr Kohlensäure als die gewöhnliche atmosphärische Luft...«

3.3 Gasfreisetzung durch starke Basen

Bereits im Versuch Nr. 14 wurde Ammoniak aus seiner wässrigen Lösung als Gas (durch Erhitzen und damit Verschieben eines Gleichgewichts, s. auch Kap. 2.3) freigesetzt. Im folgenden Versuch wird Ammoniak bei Raumtemperatur durch den Zusatz von Natriumcarbonat (mit der Wirkung einer starken Base) aus wässrigen Lösungen des Hirschhornsalzes (Ammoniumcarbonat) bzw. von Salmiakpastillen (mit Ammoniumchlorid) verdrängt.

Versuch Nr. 23 — Ammoniak als Gas aus Hirschhornsalz

Materialien — Hirschhornsalz, Soda, Schnappdeckelglas, Löffel, rotes Lackmuspapier

Durchführung — Im Glas wird je ein kleiner Löffel voll Hirschhornsalz und Soda mit Wasser bis zu einem Drittel des Glasvolumens gelöst. In den Gasraum des Glases hält man ein feuchtes Stück Lackmuspapier.

Beobachtungen — Bereits am Geruch stellt man die Entwicklung von Ammoniakgas fest, welches Lackmus blau färbt.

Erläuterungen — Die stärke Base Soda (Natriumcarbonat, liefert Hydroxid-Ionen) setzt die schwächere Base Ammoniak aus ihrer Verbindung mit dem Carbonat-Anionen frei. In Ionengleichungen:

$$CO_3^{2-} + H_2O \rightarrow OH^- + HCO_3^-$$
$$NH_4^+ + OH^- \rightarrow NH_3\uparrow + H_2O$$

Versuch Nr. 24   **Ammoniak aus Salmiakpastillen**

Materialien   Salmiakpastillen (aus der Apotheke), Schnappdeckelglas, Soda, rotes Lackmuspapier, Spatellöffel

Durchführung   In einem Schnappdeckelglas werden mehrere Salmiakpastillen mit Wasser bedeckt. Dann fügt man einen Spatellöffel Soda hinzu und schwenkt das Glas um. Das befeuchtete rote Lackmuspapier legt man auf den Rand des Glases. Die Reaktion wird beschleunigt, wenn man das Glas in die warme Hand (Faust) nimmt.

Beobachtungen   Nach einiger Zeit färbt sich das Lackmuspapier blau.

Erläuterungen   Salmiakpastillen enthalten Ammoniumchlorid (= Salmiak). Bis zu einem Gehalt von 2 % zählen sie zu den Zuckerwaren, speziell zu den Lakritzwaren. Als freiverkäufliches Arzneimittel dürfen sie bis zu 8 % Salmiaksalz enthalten. So weisen beispielsweise *Salmiak-Pastillen* zum Lutschen (zuckerfrei) einen Gehalt von 7,5 % Ammoniumchlorid auf. Ammoniumchlorid löst sich gut in Wasser; durch die alkalische Reaktion von Natriumcarbonat wird Ammoniak freigesetzt und ist im Gasraum nachweisbar:

$$NH_4Cl + H_2O + Na_2CO_3 \rightarrow (NH_4^+ + Cl^- + 2\,Na^+ + HCO_3^- + OH^-) \rightarrow NH_3\uparrow + H_2O + 2\,Na^+ + Cl^- + HCO_3^-$$

Lackmus als Säure-Base-Indikator ändert seine Farbe von Rot nach Blau.

3.4 Gasentwicklung durch thermische Zersetzung

Charakteristische Beispiele für Gasentwicklungen infolge einer thermischen Zersetzung chemischer Substanzen sind das *Kalkbrennen* (Freisetzung von Kohlenstoffdioxid aus Calciumcarbonat), die Zersetzung von *Natron* in Wasser(dampf) und Kohlenstoffdioxid sowie von *Ammoniumcarbonat* (Hirschhornsalz) in Wasser(dampf), Kohlenstoffdioxid und Ammoniak. Bereits im Versuch Nr. 19 wurden Salze thermisch zersetzt. In der *Thermoanalytik* werden Zersetzungsreaktionen zur Unterscheidung und Charakterisierung von Substanzen auch in Stoffgemischen genutzt, wobei die Zersetzungsprodukte mit den Methoden der Gaschromatographie und Massenspektrometrie getrennt bzw. identifiziert werden können.

Versuch Nr. 25 — Thermische Zersetzung von Natron

Materialien Reagenzglas, Reagenzglashalter, Spirituslampe oder Bunsenbrenner, Zündhölzer, Kalkwasser, Glasstab

Durchführung Der Boden des trockenen Reagenzglases wird mit Natron bedeckt. Dann erhitzt man die Probe in der Flamme, bis eine Veränderung sichtbar wird. Nach einiger Zeit des Erhitzens wird in den oberen Gasraum des Reagenzglases ein brennendes Zündholz gehalten. Im zweiten Ansatz des Experiments führt man den Glasstab, an dem sich ein Tropfen Kalkwasser befindet, ebenfalls vorsichtig in den oberen Raum des Glases.

Beobachtungen Nach kurzem Erhitzen bläht sich das Pulver am Boden des Reagenzglases auf und im kalten Bereich des Reagenzglases schlagen sich Wassertropfen nieder. Die Flamme des Zündholzes erlischt, der klare Tropfen des Kalkwassers trübt sich deutlich ein.

Erläuterungen Natriumhydrogencarbonat (Natron) zerfällt bereits oberhalb von 65 °C (Funktion als Backpulver = Backtriebmittel):

$$2\ NaHCO_3 \rightarrow Na_2CO_3 + CO_2\uparrow + H_2O\uparrow$$

Kohlenstoffdioxid wird sowohl durch das Erlöschen der Zündholzflamme als auch durch Reaktion mit Calciumhydroxid (Kalkwasser) nachgewiesen:

$$Ca(OH)_2 + CO_2 \rightarrow CaCO_3\downarrow + H_2O$$

(als Ionengleichung: $Ca^{2+} + CO_2 + 2\ OH^- \rightarrow CaCO_3\downarrow + H_2O$)

Wasserfreies Natriumcarbonat zersetzt sich erst bei 851 °C.

In Abschnitt 2.3 (Versuch Nr. 13) wurde dieser Vorgang bereits als Calcination beschrieben.

Gasentwicklungen

Versuch Nr. 26 **Zersetzung von Ammoniumcarbonat (Hirschhornsalz)**

Materialien Reagenzglas, Reagenzglashalter, Spirituslampe oder Bunsenbrenner, Hirschhornsalz, rotes Lackmuspapier

Durchführung In das Reagenzglas wird Hirschhornsalz etwa 1 cm hoch eingefüllt und der Boden des Glases in der Flamme erhitzt. Das feuchte, rote Lackmuspapier wird über die Öffnung des Reagenzglases gehalten oder über den Rand des Glases gelegt.

Beobachtungen Das locker eingefüllte Salz schmilzt bei Erwärmen, bläht sich auf und es entwickeln sich Dämpfe. Das zuvor rote Lackmuspapier färbt sich blau und ein Geruch nach Ammoniak wird deutlich wahrnehmbar.

Erläuterungen Ammoniumcarbonat zerfällt oberhalb von 58 °C, Ammoniumhydrogencarbonat bei etwas höherer Temperatur, in Ammoniak, Wasser und Kohlenstoffdioxid. Die farblosen Kristalle riechen auch bei Raumtemperatur nach Ammoniak. Im Hirschhornsalz liegen Ammoniumcarbonat, Ammoniumhydrogencarbonat und Ammoniumcarbamat nebeneinander vor (s. Abschnitt 2.4):

$$(NH_4)_2CO_3 \rightarrow 2\ NH_3\uparrow + CO_2\uparrow + H_2O\uparrow$$
$$NH_4HCO_3 \rightarrow NH_3\uparrow + CO_2\uparrow + H_2O\uparrow$$
$$H_2N-COONH_4 \rightarrow 2\ NH_3\uparrow + CO_2\uparrow$$

(Das neben dem Ammoniak entstandene Kohlenstoffdioxid kann wie in Versuch Nr. 22 nachgewiesen werden.)

4 Fällungsreaktionen

4.1 Fällung und Löslichkeit

W. *Ostwald* (1901) definierte die »Operation der Fällung« als »eine der häufigsten der analytischen Chemie« wie folgt (Erster Teil. Theorie. Viertes Kapitel. § 4):

> Eine Fällung entsteht, wenn in einer Lösung die Bestandteile eines Stoffes zusammentreffen, der unter den vorhandenen Umständen nicht vollständig löslich ist. Jeder Fällung geht somit eine Übersättigungszustand voraus, und nach vollzogener Fällung ist die Flüssigkeit in Bezug auf den gefällten festen Stoff gesättigt, oder mit ihm im Gleichgewicht. Grundsätzlich gesprochen ist keine Fällung jemals vollständig, und die Aufgabe des Analytikers ist es, geeignete Verhältnisse aufzusuchen, um den gelösten bleibenden Rest so klein als möglich zu machen.

50 Jahre nach Ostwalds erfolgreichem Buch zur den wissenschaftlichen Grundlagen der Analytischen Chemie erschien von Friedrich *Seel* (1915-1987) das ebenso erfolgreiche, in sieben Auflagen verbreitete Werk »Grundlagen der analytischen Chemie« (Verlag Chemie 1955 bis 1977). Friedrich (Fritz) Seel studierte Chemie an der Technischen Hochschule in München und wurde dort nach Promotion (zum Dr.-Ing.) und Habilitation 1951 apl. Professor. 1952 wechselte er als ao. Prof. nach Würzburg, 1957 nahm er einen Ruf nach Stuttgart an und ab 1960 wirkte er als o. Prof. für Anorganische Chemie an der Universität Saarbrücken.

Im 4. Kapitel seines Buches (zitiert nach der 5. Aufl. 1970) behandelt F. Seel *Lösevorgänge* und stellt zu den *allgemeinen Gesetzmäßigkeiten* fest:

> Für die analytische Chemie besonders bedeutungsvoll sind Lösevorgänge, an welchen Salze beteiligt sind. Es wird dabei häufig angenommen, daß der gelöste Anteil der Salze vollständig in Einzelionen aufgespalten ist. (...) Die Gleichgewichtskonstante, welche dem Vorgang der Auflösung eines Salzes zugeordnet ist, wird als dessen Löslichkeitsprodukt bezeichnet, weil sie den Wert des Produktes der

Ionenaktivitäten bzw. Ionenkonzentrationen in der gesättigten Lösung angibt... «

Einleitend hatte F. Seel bereits grundsätzlich festgestellt:

» ... Die Löslichkeit einer Substanz in Wasser kann auf einer reiner Phasenänderung beruhen, sie kann aber auch auf einer chemischen Reaktion mit dem Lösungsmittel begründet sein, welche zu leichtlöslichen Stoffen führt ... «

Am Beispiel von zwei verbreiteten Alltagsprodukten sollen diese allgemeinen Gesetzmäßigkeiten dargestellt werden: an Calciumcarbonat (als Kreide) und Calciumsulfat (als Gips). (Zur Löslichkeit anorganischer Stoffe in Wasser s. auch Kap. 2.4, zur Theorie auch Kap. 5.1.)

Beim Lösen von Calciumsulfat in Wasser findet ein *Phasenübergang* von der festen Phase (Calciumsulfat $[CaSO_4]_f$) in die Flüssigkeit Wasser statt, wobei die Verbindung, das Salz, in Ionen dissoziiert. Der Vorgang lässt sich als zweistufiges Gleichgewicht beschreiben:

$$[CaSO_4]_f \leftrightarrows [CaSO_4]_{aq} \leftrightarrows [Ca^{2+}]_{aq} + [SO_4^{2-}]_{aq}$$

Für den ungelösten Anteil lässt sich keine Konzentration angeben, die Konzentration des gelösten Anteils bleibt konstant. Sie wird als *Sättigungskonzentration* bezeichnet, solange ein Bodenkörper vorhanden ist. Als Gleichgewichtskonstante mit Konzentrationsangaben c folgt:

$$K = [c(Ca^{2+}) \cdot c(SO_4^{2-})] / [c(CaSO_4)] \text{ mit } c(CaSO_4) = \text{konst.}$$

Das *Löslichkeitsprodukt* K_L ergibt sich aus diesem Gleichgewicht:

$$c(Ca^{2+}) \cdot c(SO_4^{2+}) = K \cdot c(CaSO_4) = \boldsymbol{K_L}$$

Unter *Löslichkeit L* versteht man die Sättigungskonzentration eines Stoffes bezogen auf die Formeleinheit, d. h. für einen Stoff der allgemeinen Formel AB gilt (am Beispiel Calciumsulfat demonstriert):

$$L(CaSO_4) = c(Ca^{2+}) = c(SO_4^{2-})$$

Aus dem Feststoff Calciumsulfat entstehen in wässriger Lösung gleich große Konzentrationen von Calcium- und Sulfat-Ionen.

Löslichkeit und Löslichkeitsprodukt stehen somit in folgendem Zusammenhang:

$L = (K_L)^{1/2}$

Häufig wird in der Literatur auch der negative dekadische Logarithmus (pK_L) – vergleichbar dem pH-Wert – angegeben. Er beträgt für Calciumsulfat $pK_L(CaSO_4)$ = 4,32:

$K_L(CaSO_4) = 10^{-4,32}$ oder $L(CaSO_4) = 10^{-2,16}$

Rundet man den Wert auf pK_L = 4, so beträgt die Löslichkeit $L(CaSO_4) = 10^{-2}$, also 0,01 mol/L, das sind mit einer relativen Molmasse von 134 (abgerundet) **1,34 g/L**.

Vergleichen wir die Löslichkeit von Calciumsulfat mit der eines zweiten schwer löslichen Calciumsalzes, *Calciumcarbonat*:

$pK_L(CaCO_3) = 7,92$ bzw. $K_L(CaCO_3) = 10^{-7,92}$

Runden wir auch hier auf 8 auf, so beträgt die Löslichkeit 0,0001 mol/L, bei der relativen Molmasse für Calciumcarbonat von 100 sind das **0,01 g/L = 10 mg/L**.

Der Unterschied der Löslichkeiten der beiden Calciumsalze ist also sehr groß, er beträgt etwa den Faktor 100 in der molaren Konzentration. Daraus ergeben sich die folgenden Versuche mit Alltagsprodukten. Sie sollen an diesem einfachen Beispiel das Thema *Löslichkeit* und *Löslichkeitsprodukt* für die Praxis verdeutlichen.

F. Seel stellt zu diesen beiden Begriffen zunächst noch fest:

> Es ist wohl zu beachten, daß das Löslichkeitsprodukt nicht die Löslichkeit des Salzes angibt. Soll aus dem Löslichkeitsprodukt eines Salzes dessen Löslichkeit in einem beliebigen Konzentrationsmaß ermittelt werden, so muß man in jedem Fall zunächst die molare Löslichkeit des Salzes berechnen. Unter dieser versteht man die Anzahl der Gramm-Formelgewichte eines Salzes, welche im Liter seiner gesättigten Lösung enthalten sind. (...)

Später heißt es im selben Kapitel:

> Zur Charakterisierung der Löslichkeit von leicht löslichen Salzen wird zumeist die Gewichtsmenge des Salzes in Gramm angegeben, welche in 100 g Lösungsmittel aufgelöst werden kann, Bei schwer löslichen Salzen ist dagegen die Angabe des Löslichkeitsprodukte bzw. des entsprechenden Gleichgewichts-Exponenten wesentlich sinnvoller, da deren Lösegleichgewicht durch die bei analytischen Arbeiten stets vorhandenen gleichionigen Zusätze sehr stark beeinflußt wird.

Auf die *gleichionigen Zusätze* wird bei den entsprechenden (folgenden) Versuchen eingegangen.

Eine *Fällung* ist die Umkehrung der Lösevorganges. So lässt sich aus einer Lösung, die ein leicht lösliches Calciumsalz enthält, durch den Zusatz des Gegenions (beispielsweise Carbonat-Ionen), das eine schwer lösliche Verbindung mit Calcium-Ionen bildet, Calcium in Form eines *Niederschlags* (Calciumcarbonat) ausfällen.

Es gilt die Regel:
Ein schwer lösliches Salz wird nur dann gefällt, wenn sein Löslichkeitsprodukt überschritten wird.

Liegt beispielsweise ein Lösung mit 0,001 mol/L (3 Zehnerpotenzen, negativ, entsprechend 40 mg/L) Calcium-Ionen vor, so genügt theoretisch eine Konzentration von 0,00001 mol/L Carbonat-Ionen (7 Zehnerpotenzen, negativ, entsprechend 0,6 mg/l), um die Fällung von Calciumcarbonat einzuleiten:

$c(Ca^{2+}) = 10^{-3}$; $c(CO_3^{2-}) = 10^{-5}$ (jeweils mol/L); als Ionen-Produkt: 10^{-8}

Um eine Fällung praktisch zu erreichen, muss das Löslichkeitsprodukt überschritten werden.

Versuch Nr. 27 Fällung von Calciumcarbonat aus einer gesättigten Calciumsulfat-Lösung

Materialien   Gips, Soda, 50-mL-Bechergläser, Plastiktrichter, Filterpapier, Thermometer, entmin. Wasser, Spatellöffel

Durchführung   Der in einem Baumarkt erworbene Gips wird in etwa 30 mL entmineralisiertem Wasser nach und nach in kleinen Portionen gelöst, bis auch sich ein deutlich sichtbarer Bodensatz bildet. Dieser wird noch mehrmals aufgerührt und schließlich wird die Gips-Lösung, falls sie eine Trübung aufweist, filtriert. Die Temperatur der Lösung wird gemessen.

Der klaren Gipslösung fügt man Soda hinzu und rührt um.

Beobachtungen   Es entsteht eine Trübung.

Erläuterungen   Als *Gips* wird Calciumsulfat mit zwei Mol Kristallwasser ($CaSO_4 \cdot 2\,H_2O$) bezeichnet, der aus einer reinen wässrigen Lösung von Calciumsulfat unterhalb von 66 °C auskristallisiert. Oberhalb von dieser Temperatur entsteht Calciumsulfat als *Anhydrit* ($CaSO_4$ ohne Kristallwasser). Beim Erhitzen auf 120–130 °C spaltet Gips nur einen Teil des Hydratwassers ab (*Brennen*) – es entsteht das *Halbhydrat* $CaSO_4 \cdot {}^1/_2\,H_2O$ (*gebrannter Gips*), das als Pulver mit Wasser vermischt schnell *erhärtet*, indem es eine Masse aus feinfaserigen, miteinander verfilzten Gipskristallen bildet. Die Löslichkeit von Calciumsulfat beträgt etwa 1 g/L, von Calciumcarbonat nur etwa 10 mg/L (Berechnung s. o.)

Literarischer Exkurs

Goethe hat in seinem Roman »Die Wahlverwandtschaften« außer den zwischenmenschlichen Beziehungen auch den chemischen Begriff an einem Experiment beschrieben. Er wählt dafür die Umsetzung von Calciumcarbonat und Schwefelsäure zu Gips und lässt diesen Versuch von einer der Personen, einem Hauptmann und Freund des Hausherrn, wie folgt beschreiben(s. zur »Wahlverwandtschaft«, Affinität, Kap. 1.1):

> Zum Beispiel was wir Kalkstein nennen ist eine mehr oder weniger reine Kalkerde, innig mit einer zarten Säure verbunden, die uns in Luftform bekannt geworden ist. Bringt man ein Stück solchen Steines in verdünnte Schwefelsäure, so ergreift diesen den Kalk und erscheint mit ihm als Gips; jene zarte luftige Säure hingegen entflieht. Hier ist eine Trennung, ein neue Zusammensetzung entstanden und man glaubt sich berechtigt, sogar das Wort Wahlverwandtschaft anzuwenden, weil es wirklich aussieht als wenn ein Verhältnis dem andern vorgezogen, eines vor dem andern erwählt würde.

Die Gleichung allgemein lautet:

$AB + C \rightarrow AC + B$
$(CaCO_3 + H_2SO_4 \rightarrow CaSO_4 + CO_2 + H_2O)$.

Nach *Bergman* (Kap. 1.1) handelt es sich hier um eine »einfache Wahlverwandtschaft«.

Jeremey *Adler* geht in seinem Buch »›Eine fast magische Anziehungskraft.‹ Goethes ›Wahlverwandtschaften‹ und die Chemie seiner Zeit« auf die Frage ein, warum das Wasser als viertes Produkt nicht erwähnt wird und bemerkt, dies könnte Zufall sein; in die Bezeichnung »verdünnte Schwefelsäure« könne aber auch das Wasser einbezogen sein, das damit auf beiden Seiten der Gleichung auftaucht (und wie in der Mathematik »gekürzt« werden kann).

Das Wasser erhält auch seine Bedeutung, als die Ehefrau des Hausherrn, Charlotte, sich äußert:

> Verzeihen Sie mir, sagte Charlotte, wie ich dem Naturforscher verzeihe; aber ich würde hier niemals eine Wahl, eher eine Naturnotwendigkeit erblicken, und diese kaum; denn es ist am Ende vielleicht gar nur die Sache der Gelegenheit. Gelegenheit macht Verhältnisse wie sie Diebe macht; und wenn von Ihren Naturkörpern die Rede ist, so scheint nur die Wahl bloß in den Händen des Chemikers zu liegen, der diese Wesen zusammenbringt. Sind sie aber einmal beisammen, dann gnade ihnen Gott! In dem gegenwärtigen Falle dauert mich nur die arme Luftsäure, die sich wieder im Unendlichen herumtreiben muß.

Danach bringt der Hauptmann das Wasser ins Gespräch:

> Es kommt nur auf sie an, versetzte der Hauptmann, sich mit dem Wasser zu verbinden und als Mineralquelle Gesunden und Kranken zu Erquickung zu dienen.

Im weiteren Verlauf des Gespräches folgt dann auch eine Darstellung, die der oben beschriebenen Reaktion entspricht, und die als *doppelte Umsetzung* oder in der Goethezeit als »doppelte Wahlverwandtschaft« bezeichnet wurde.

Fällung von Carbonaten und Hydroxiden mit Soda 73

Nachdem Charlotte den Hauptmann aufgefordert hat, einen Fall zu beschreiben, bei dem aus zwei Partnern auch zwei neue Verbindungen entstehen, fährt der Hauptmann fort:

> Man sollte dergleichen, versetzte der Hauptmann, nicht mit Worten abtun, (...) sobald ich Ihnen die Versuche selbst zeigen kann, wird alles anschaulicher und angenehmer werden.
> (...)
> Wenn Sie glauben, dass es nicht pedantisch aussieht, versetzte der Hauptmann, so kann ich wohl in der Zeichensprache mich kürzlich zusammenfassen. Denken Sie sich ein A, das mit einem B innig verbunden ist, durch viele Mittel und durch manche Gewalt nicht von ihm zu trennen; denken Sie sich ein C, das sich eben so zu einem D verhält; bringen Sie nun die beiden Paare in Berührung: A wird sich zu D, C zu B werfen, ohne dass man sagen kann, wer das andere zuerst verlassen, wer sich mit dem anderen zuerst wieder verbunden habe.

Der Text lässt sich wie folgt in eine Gleichung umsetzen:

AB + CD → AD + CB

Auf das Beispiel im Versuch übertragen heißt das:

$CaSO_4 + Na_2CO_3 \rightarrow CaCO_3 + Na_2SO_4$

Das im vom Hauptmann angesprochene »Mittel« ist hier das Wasser.

4.2 Fällung von Carbonaten und Hydroxiden mit Soda

Im beschriebenen Versuch des vorhergehenden Kapitels 4.1 konnten wir »reine« Stoffe verwenden. In Alltagsprodukten liegen in der Regel aber Stoffgemische vor, sodass Berechnungen komplizierter werden. Deshalb beschränken wir uns im Folgenden auf qualitative Erläuterungen, welche die *Einflüsse auf Fällungen* in wässrigen Systemen – hier von Carbonaten verschiedener Elemente – deutlich machen sollen.

Als *Fällungsmittel* verwenden wir Soda (Natriumcarbonat).

Zu den schwer löslichen Carbonaten zählen neben dem Calciumcarbonat auch das Magnesiumcarbonat (allgemein die Erdalkalicarbonate im Unterschied zu den Alkalicarbonaten, die bis auf das Lithiumcarbonat sehr leicht löslich sind) sowie zahlreiche Schwermetallcarbonate.

Im Alltag spielen neben Calcium- und Magnesiumcarbonat auch Eisen-, Zink- und Kupfercarbonate eine Rolle, die in den folgenden Versuchen vorgestellt werden.

In der Reihenfolge der Löslichkeit weist das Magnesiumcarbonat die größte Löslichkeit auf, Eisen-, Kupfer- und Zinkcarbonate sind noch schwerer löslich als Calciumcarbonat (pK_L-Werte der Carbonate: Mg 3,8 – Ca 7,9 – Cu 9,9 – Zn 10,2 – Fe(II) 10,6).

Versuch Nr. 28 Fällung der Carbonate von Calcium und Magnesium aus Trinkwasser

Materialien Trinkwasser aus der Hausleitung, Natriumcarbonat (Soda), Löffel, kleines Becherglas (25 oder 50 mL)

Durchführung Das Becherglas wird zur Hälfte mit Trinkwasser (Leitungswasser) gefüllt. Dann fügt man einen Löffel Soda hinzu und rührt um.

Beobachtungen Je nach *Härte* des Wassers tritt eine weiße Trübung bis schwache Fällung auf – besonders gut zu erkennen, wenn man auf die Oberfläche des Wassers schaut, auf der sich bei geringen Trübungen eine weiße Schicht bildet.

Erläuterungen Die Trübung bzw. Ausfällung besteht aus Calcium- und Magnesiumcarbonat. Die Bezeichnung *Härte* ist auf die Eigenschaft vor allem von Calcium-Ionen zurückzuführen, die Waschwirkung von Seifen (s. Kap. 4.3) durch die Bildung unlöslicher Kalkseifen (Calciumsalze höherer Fettsäuren wie der Palmitinsäure) zu verringern. Als solche *Härtebildner* werden Calcium und Magnesium gemeinsam erfasst; Strontium- und Bariumsalze, ebenfalls Erdalkalisalze, können in natürlichen Wässern (aufgrund der Schwerlöslichkeit ihrer Carbonate und Sulfate) vernachlässigt werden.

Die Summe der Calcium- und Magnesiumsalze wird als *Gesamthärte* bezeichnet. Liegen diese Erdalkali-Ionen als Hydrogencarbonat vor, so fallen sie als Carbonate beim Erhitzen des Wassers als *Kesselstein* aus (s. Kalk-Kohlensäure-Gleichgewicht in Versuch Nr. 2/Kap. 1.1). Daher wird eine Wasserhärte durch Hydrogencarbonate auch als *temporäre* (zeitweilige, vorübergehende) *Härte* bezeichnet. Die Salze anderer Säure (wie der Salz- oder der Schwefelsäure) bleiben dagegen auch beim Erhitzen des Wassers gelöst, sie stellen die *permanente Härte* dar.

Für die Angaben zur Härte des Wassers gelten folgende Größen:

10 mg/L Calciumoxid (CaO) = 1 °d (früher dH, deutsche Härte) = 7,14 mg/L Magnesiumoxid (MgO)

Heute erfolgen die Angaben nach internationalen Vereinbarungen über *molare Stoffmengenkonzentrationen*:

1 mmol/L = 56 mg/L Calciumoxid (entsprechend 40 mg/L Ca) = 5,6 °d

Je nach dem Gehalt an Calcium- und Magnesiumsalzen werden die Wässer als *hart* oder *weich* bezeichnet mit folgenden Abstufungen (°d):

Sehr weich: 0–3, weich: 4–7, mittelhart: 8–14, ziemlich hart: 12–18, hart: 18–30, sehr hart: >30.

Wir finden in fast allen natürlichen und unbelasteten Gewässern Calcium- und Magnesium-Ionen, die aus Gesteinen wie Dolomit, Marmor, Kalkstein oder Gips durch Kohlenstoffdioxid als Hydrogencarbonate (bzw. als Sulfat aus Gips) geochemisch bedingt in Lösung gebracht werden. Im Einzugsgebiet solcher Gesteine (z. B. der Schwäbischen Alb) weisen die Wässer daher hohe Härtegrade bis mehr als 30 °d auf. Wässer aus Buntsandsteingebieten enthalten dagegen nur geringe Mengen an Härtebildnern.

Eine gewisse Härte ist im Trinkwasser aus zwei Gründen erwünscht: Zum einen bildet sich eine Schutzschicht von Calciumcarbonat in den Rohrleitungen, sodass das Metall der Rohre nicht mehr direkt von freier (sogenannter *aggressiver*) Kohlensäure angegriffen werden kann. Zum anderen ist im Hinblick auf den Mineralstoffbedarf des Menschen eine Konzentration von 20 bis 60 mg/L an Calcium günstig. Hartes Wasser schmeckt frischer als weiches oder sogar »reines«, destilliertes Wasser.

Versuch Nr. 29 — Fällung von Calciumcarbonat aus Mineralwässern

Materialien Mineralwasser, Soda, Löffel, Becherglas (wie in Versuch Nr. 28)

Durchführung Im zur Hälfte mit Mineralwasser gefüllten Becherglas wird Natriumcarbonat in kleinen Portionen nach und nach unter Umrühren gelöst, bis keine Gasblasen mehr auftreten.

Beobachtungen Es wird relativ viel Natriumcarbonat verbracht, bis die Gasentwicklung beendet ist. Erst dann tritt je nach dem Gehalt an Calcium eine weiße Trübung bzw. Fällung (als Niederschlag) auf.

Erläuterungen In den kohlenstoffdioxidhaltigen Mineralwässern findet zunächst sowohl eine Freisetzung des überschüssigen Kohlenstoffdioxids als auch eine Gleichgewichtseinstellung zwischen Kohlenstoffdioxid, Hydrogencarbonat- und Carbonat-Ionen statt. Das saure Mineralwasser setzt aus dem hinzugefügten Natriumcarbonat Kohlenstoffdioxid frei. Es spielen folgende Gleichungen eine Rolle:

$CO_2 + 2\,H_2O \leftrightarrows H_3O^+ + HCO_3^-$ (im Mineralwasser vor der Zugabe an Soda)

$CO_3^{2-} + 2\,H_3O^+ \rightarrow CO_2\uparrow + 3\,H_2O$ (Carbonat aus Soda)

Nach dem Abklingen der Kohlenstoffdioxid-Entwicklung:

$CO_3^{2-} + H_2O \leftrightarrows HCO_3^- + OH^-$ (Hydrolyse der Carbonat-Ionen im Überschuss)

$HCO_3^- + OH^- \rightarrow H_2O + CO_3^{2-}$

Schließlich findet bei einem Überschuss an Natriumcarbonat eine Verschiebung des Gesamtsystems zu den Carbonat-Ionen hin statt, wodurch dann erst eine Fällung der Calcium-Ionen als Calciumcarbonat erfolgen kann.

Hinweis Führt man die Fällung mit Mineralwässern unterschiedlicher Kohlenstoffdioxid- (»Kohlensäure«-)Gehalte durch (jeweils um 100 mg/L Calcium), so wird man feststellen, dass die sogenannten »stillen Wässer« wesentlich weniger Soda zur Fällung des Calciumcarbonats benötigen.

Versuch Nr. 30 Fällung von Calciumcarbonat aus Calcium-Brausetabletten

Materialien Calcium-Brausetablette (Beispiel einer Zusammensetzung – *Zutaten: Säuerungsmittel Citronensäure, Calciumcarbonat, Säuerungsmittel Äpfelsäure, Natriumhydrogencarbonat, Stärke, Süßstoff Natriumcyclamat, Süßstoff Saccharin-Natrium* – 1 Tablette enthält 500 mg Ca), Becherglas, Löffel, Soda

Durchführung Eine halbe Calcium-Brausetablette wird im Becherglas mit ca. 10–20 mL Wasser (Leitungswasser) versetzt. Man wartet zunächst unter Rühren das Ende der Gasentwicklung ab. Dann fügt man in kleinen Portionen nach und nach Soda hinzu, bis wiederum keine Gasblasen mehr auftreten. Um das Ergebnis der Umsetzung beurteilen zu können – denn die Lösung der Tablette ist getrübt – wird das Wasser vorsichtig abgegossen.

Beobachtungen Wie bereits festgestellt, bleibt das Wasser auch nach Beendigung der Gasentwicklung vor der Zugabe von Soda getrübt. (Die Trübung lässt sich auch durch eine Filtration nicht vollständig beseitigen!) Trotzdem kann man eine Fällung feststellen, denn nach dem vorsichtigen Ausgießen des trüben Wassers ist ein weißer Niederschlag sowohl auf dem Boden als auch am Rand des Glases feststellbar.

Erläuterungen Aus chemischer Sicht führt das Lösen der Calcium-Brausetablette aufgrund der aufgeführten Inhaltsstoffe zu einem sehr komplexen System, das hier nur qualitativ beschrieben werden kann. Die *Stärke* im Produkt verursacht die *Trübung* der Lösung. Sie hat in der Tablette eine Funktion wie im Backpulver, nämlich durch die Aufnahme geringer Feuchtigkeit eine vorzeitige Reaktion zwischen den beiden Säuren (Citronen- und Äpfelsäure) und dem Calciumcarbonat sowie dem Natriumhydrogencarbonat zu verhindern.

Die Säuren und die beiden Salze der »Kohlensäure« führen zunächst im Wasser zu der erwünschten Bildung von Kohlenstoffdioxid. Nach Beendigung dieser Reaktion liegt Calcium im einem Gleichgewicht zwischen Calcium-Ionen und einem Komplex mit der Citronensäure (bzw. Citrat-Ionen) vor (s. Kap. 7.3). In dieses komplexe System greift nun der Zusatz an Natriumcarbonat durch die Verschiebung der Gleichgewichte ein. Einerseits kann sich die Komplexbildung infolge der Zunahme an Citrat-Ionen zum Calcium-Citrat-Komplex verschieben, andererseits werden nach und nach genügend Carbonat-Ionen (wie in Versuch Nr. 29 beschrieben) gebildet werden, um Calciumcarbonat auszufällen. Die Frage, warum neben der Citronensäure auch Äpfelsäure für diese Calcium-Brausetabletten verwendet wurde, kann wahrscheinlich im Hinblick auf den Geschmack (als Genusssäure) beantwortet werden. Auch bilden Malat-Ionen (Anionen der Äpfelsäure) weniger stabile Calciumkomplexe, sodass der Anteil an Calcium, der nicht durch Citrat-Ionen komplexiert ist, als Erster im System als Calciumcarbonat gefällt wird.

Der Versuch und seine qualitative Deutung zeigen einmal mehr, wie wichtig es ist, chemische Vorgänge vernetzt und in chemischen Gleichgewichten zu betrachten. Auch bei der Entwicklung der Rezepturen solcher Alltagsprodukte können diese Betrachtungen eine wesentliche Rolle spielen.

Versuch Nr. 31 Fällung von Eisenhydroxid

Materialien

Eisen- (oder Stahl-)nägel, kleine Bechergläser (25 oder 50 mL), Plastiktrichter, Filterpapier, Schnellentkalker, Soda, kleiner Spatellöffel, Heizplatte

Durchführung

Ein kleiner Spatellöffel voll Schnellentkalker wird in etwa 10–20 mL Wasser gelöst. Dann gibt man 2–3 kleine Nägel in das Glas (sie sollten mit Lösung bedeckt sein). Auf der Heizplatte wird zum Sieden erhitzt. Dann lässt man die Lösung so lange zusammen mit den Nägeln stehen, bis sie sich auf Raumtemperatur abgekühlt hat. Die Nägel werden nun aus dem »Säurebad« entfernt. Man fügt in kleinen Portionen nach und nach so viel Soda hinzu, dass keine Gasentwicklung mehr auftritt und sich eine Fällung gebildet hat. Abschließend wird filtriert, das Filtrat in einem zweiten Becherglas aufgefangen und dieses auf der Heizplatte bis zum Sieden der Lösung erhitzt.

Beobachtungen

Bereits bei Raumtemperatur sind an den Nägeln in der Lösung des Schnellentkalkers Gasblasen zu beobachten, deren Entwicklung sich beim Erwärmen deutlich verstärkt. Während der Zugabe von Soda (Natriumcarbonat) beobachtet man die Entstehung einer gelb gefärbten Lösung und die zunehmende Bildung eine blaugrün, sehr dunkel erscheinenden Fällung. Das Filtrat ist intensiv gelb, der Rückstand auf dem Filterpapier zunächst dunkelgrün, bei längerer Einwirkung von Luft dann gelbbraun gefärbt. Beim Erhitzen des Filtrats bildet sich nochmals eine intensiv grüne Fällung.

Erläuterungen Der sehr einfache Versuch beinhaltet zahlreiche grundlegende Reaktionen und Eigenschaften von Eisenverbindungen. Zunächst löst sich das elementare Eisen unter Wasserstoffbildung (vergleiche mit Versuch Nr. 9), wobei Eisen(II)-Ionen entstehen (s. dazu auch Kap. 6.7). Säuren sind hier im Schnellentkalker die Amidoschwefelsäure und die Citronensäure (s. Kap. 2.2). Während der Zugabe von Natriumcarbonat findet zunächst eine Neutralisation des überschüssigen Säuregehaltes unter Freisetzung von Kohlenstoffdioxid statt. Dann bilden sich blaugrünlich gefärbte Eisen(II)-Salze. Die gelbe Farbe der Lösung wird offensichtlich durch die Bildung von Eisen(II)-citrat-Komplexen hervorgerufen. Da die Lösung bis zu diesem Teil des Experimentes noch keinen (oder wenig) Luftsauerstoff enthält, können auch keine Eisen(III)-Verbindungen (gelb) entstehen. In wässriger Lösung bilden sich oktaedrische Eisen(II)-hydrate (grün). Unter Luftabschluss lässt sich aus einer Eisen(II)-Salzlösung mit Natriumcarbonat auch das Eisen(II)-carbonat als weißer, amorpher Niederschlag ausfällen. Unter den Versuchsbedingungen bildet sich sowohl Eisen(II)-hydroxid als Fällungsprodukt (alkalische Lösung durch Natriumcarbonat) als auch lösliches Eisen(II)-hydrogencarbonat sowie Eisen(II)-citratkomplexe. Die Letzteren gelangen in das Filtrat und durch die beim Erhitzen eintretende Hydrolyse fällt dann zunächst nochmals Eisen(II)-hydroxid aus. Diese grünen Fällungsprodukte werden beim Kontakt mit dem Luftsauerstoff relativ schnell zu braunem bis rotbraunen Eisen(III)-oxidhydraten oxidiert (s. Kap. 6.7).

In Gleichungen lassen sich die beschriebenen Vorgängen wie folgt darstellen:

1. Lösen des Eisennagels im «Säurebad»:
$$Fe + 2\,H_3O^+ + 4\,H_2O \rightarrow [Fe(H_2O)_6]^{2+} + H_2\uparrow$$

2. Fällung mit Na_2CO_3:
a) $2\,H_3O^+ + CO_3^{2-} \rightarrow CO_2\uparrow + 3\,H_2O$ (Neutralisation des Säureüberschusses)
b) $CO_3^{2-} + H_2O \leftrightarrows \mathbf{OH^-} + HCO_3^-$

c) $[Fe(H_2O)_6]^{2+} + OH^- \rightarrow Fe(OH)_2\downarrow + 6\ H_2O$ (frisch gefällt weiß, ohne adsorbierte, hydratisierte Eisen(II)-Ionen); als Fällungsprodukt auch $FeCO_3$ möglich

3. Im Filtrat:
gelöstes $Fe(HCO_3)_2 + 6\ H_2O \rightarrow [Fe(H_2O)_6]^{2+} + 2\ HCO_3^-$, Citratkomplexe der Eisen(II)-Ionen

4. Nach dem Erhitzen des Filtrats (Hydrolyse):
a) $[Fe(H_2O)_6]^{2+} + H_2O \rightarrow Fe(OH)_2\downarrow + 2\ H_3O^+ + 5\ H_2O$ (Neutralisation der Oxonium-Ionen durch überschüssige Hydroxid-Ionen aus Gleichung 2b)
b) zusätzlich Zersetzung von Hydrogencarbonat zu Carbonat (s. Versuch Nr. 13)

Zur Vereinfachung können die Gleichungen mit Eisen(II)-Ionen auch ohne Hydratwasser geschrieben werden. Die Oxidationsvorgänge werden ausführlich in Kap. 6.7 beschrieben.

Die Frage, ob die Fällung ein Eisenhydroxid oder Eisencarbonat ist, lässt sich durch das Lösen des frisch abfiltrierten Fällungsproduktes in Säure beantworten (es treten einige wenige Gasblasen von Kohlenstoffdioxid auf, die Umwandlung in Eisen(III)-oxidhydrat verläuft relativ rasch).

Versuch Nr. 32 Fällung von basischem Kupfercarbonat

Materialien Kupfermünzen (abgegriffen, mit Belag), Haushaltsessig, kleine Bechergläser, Schnappdeckelgläser, Soda, Spatellöffel, Heizplatte

Durchführung Die »unansehnlichen« Kupfermünzen (1-, 2-, 5-Centstücke) werden in einem Becherglas mit Haushaltsessig bedeckt und über Nacht stehen gelassen.

Färbt sich die Lösung blau, so kann sie für diesen Versuch und die Versuche zur Komplexchemie in Kap. 7.1 verwendet werden.

Ein Teil dieser Lösung wird in einem zweiten Becherglas mit Wasser verdünnt, sodass die Lösung gerade noch gefärbt erscheint. Der Rest wird in einem Schnappdeckelglas für weitere Versuche aufgehoben.

Fällung von Carbonaten und Hydroxiden mit Soda

Zur Lösung im Becherglas fügt man Soda hinzu, bis keine Gasentwicklung mehr auftritt.

Beobachtungen Es fällt ein hellblauer bis grünblauer Niederschlag als Gemisch aus Kupferhydroxid bzw. basischen Kupfercarbonat aus:

$$CO_3^{2-} + H_2O \leftrightarrows HCO_3^- + OH^- \;|\cdot 2$$
$$Cu^{2+} + 3\,CO_3^{2-} + 2\,H_2O \rightarrow Cu(OH)_2 \cdot CuCO_3\downarrow + 2\,HCO_3^-$$

Weitere Durchführung Der Niederschlag wird im Becherglas auf der Heizplatte bis zum Sieden erhitzt.

Weitere Beobachtungen Der blaugrüne Niederschlag wandelt sich in einen schwarzen Niederschlag um.

Erläuterungen Beim Erhitzen werden Kohlenstoffdioxid und Wasser abgespalten, es entsteht das schwarze Kupfer(II)-oxid:

$$Cu(OH)_2 \cdot CuCO_3\downarrow \rightarrow 2CuO\downarrow + CO_2\uparrow + H_2O$$

Versuch Nr. 33 Fällung des Silbers aus Höllenstein

Für die Versuche mit Silber eignet sich eine Lösung des *Höllensteins* (Silbernitrat) aus einem Höllenstein-Ätzstift (in Apotheken für etwa 5 Euro erhältlich). Sie kann für zahlreiche Versuche verwendet werden, sowohl für den folgenden Versuch einer Fällungsreaktion als auch für Redox- und Komplexbildungs-Reaktionen.

Höllenstein wird im Brockhaus von 1838 wie folgt beschrieben:

> Höllenstein oder Silberätzstein ist eine chemische Zusammensetzung aus Salpetersäure und Silber, welche außerordentlich ätzende Eigenschaften besitzt und daher von den Chirurgen zum Wegbeizen des sogenannten wilden Fleisches, der Warzen u. dgl. in Anwendung gebracht wird. Er färbt die Haut und andere organischen Theile, mit denen er in Berührung gebracht wird, schwarz und wird daher auch zum dauerhaften Bezeichnen der Wäsche benutzt. Zu diesem Zweck wird die zu beschreibende Stelle vorher mit Kaliauflösung und Gummi bestrichen und geglättet und dann erst mit der Auflösung des Höllensteins bestrichen. Man pflegt den Höllenstein

in eigenen Formen in Gestalt von dünnen Stängelchen zu gießen. Diese sind lichtgrau, werden aber am Lichte schwärzlich und zeigen auf dem Bruch ein strahliges, krystallinisches Gefüge. Der Höllenstein löst sich in Wasser auf und wenn das Silber, aus dem es bereitet worden, einen Kupferzusatz hatte, so sieht er grünlich aus und zerfließt leicht an der Luft.«

In diesem historischen Text sind grundlegende Eigenschaften des Silbers und des Silbersalzes Silbernitrat beschrieben.

Silbernitrat ist das wichtigste Silbersalz; es wird als Ausgangsmaterial für die Darstellung aller anderen Silberverbindungen eingesetzt. Man gewinnt es durch Auflösen in Salpetersäure:

$$3\ Ag + 4\ HNO_3 \rightarrow 3\ AgNO_3 + NO + 2\ H_2O$$

Auf der Haut werden die Silber-Ionen durch organische Substanzen, die den Wasserstoff zur Verfügung stellen, zum elementaren Silber reduziert:

$$AgNO_3 + [H]_{org.subst.} \rightarrow Ag + HNO_3$$

Die dabei entstehende Salpetersäure wirkt ätzend.

Durch Licht(quanten) werden Silber-Ionen ebenso wie durch Kupfer reduziert (s. dazu Kap. 6.8).

Materialien	Höllenstein-Ätzstift (Produktinformation beachten!), 50-mL-Erlenmeyerkolben oder Becherglas, braune 50-mL-Glasflasche, entmin. Wasser, Plastikpipette, Soda, Schnappdeckelglas, Spatellöffel
Durchführung	1. *Herstellung der Silbernitrat-Lösung*: Der Höllenstein-Ätzstift wird in 30 mL entmineralisiertes (oder destilliertes) Wasser gestellt. Nach kurzer Zeit hat sich die Spitze im Wasser aufgelöst. Diese Lösung wird für Versuche nur tropfenweise verwendet. 2. *Fällung mit Soda*: Einige Tropfen der Silbernitrat-Lösung werden in einem Schnappdeckelglas mit entmin. Wasser verdünnt. Dann fügt man einen kleinen Spatellöffel Soda hinzu.
Beobachtungen	Es bildet sich ein gelbbrauner Niederschlag.

Erläuterungen Infolge des Überschusses an Natriumcarbonat entsteht ein Gemisch aus hellgelben Silbercarbonat und braunem Silberoxid.

$$2\,Ag^+ + CO_3^{2-} \rightarrow Ag_2CO_3 \downarrow$$
$$[CO_3^{2-} + H_2O \leftrightarrows HCO_3^- + OH^-]$$
$$2\,Ag^+ + 2\,OH^- \rightarrow Ag_2O\downarrow + H_2O$$

(Weitere Versuche mit der Silbernitrat-Lösung s. Kap. 6.8 und 7.1.)

4.3 Kalkseifen

Als *Kalkseifen* bezeichnet man allgemein graue, unlösliche, schmierende Stoffe, die sich unerwünschterweise aus den Härtebildnern des Wassers und Seifen bilden (O.-A. Neumüller: »Duden – Das Wörterbuch chemischer Fachausdrücke«, 2003). In »Römpps Chemie-Lexikon« (9. Auflage 1990) werden Kalkseifen als milchige Niederschläge wechselnder Zusammensetzung beschrieben, die dann entstehen, wenn man eine klare Seifenlösung zu »hartem« Leitungswasser fließen lässt. In Waschbecken, so liest man, würden sich aus hartem Wasser und Seife unansehnliche Schmierränder bilden, die sich beim Waschen von Textilien als Niederschläge im Gewebe festsetzen und dadurch wesentlich zur Alterung der Faser und auch Färbung beitragen könnten. Vermeidbar seien diese Effekte durch die Verwendung von Tensiden.

In *Stöckhardt's* »Schule der Chemie« (1858) ist dazu folgender Versuch beschrieben:

> Man löse ein wenig Seife in heißem Wasser auf und gieße Kalkwasser hinzu: es entsteht eine Trübung und später setzen sich weiße Flocken ab, die zwischen den Fingern gerieben klebrig werden. Dasselbe bemerkt man, wenn man sich mit Seife und Kalkwasser wäscht; die Seife schäumt nicht und reinigt nicht. Kalkhaltiges, sogenanntes hartes Wasser kann daher nicht zum Waschen angewendet werden. Die klebrige Masse, die sich dabei ausscheidet, ist Kalkseife, eine Verbindung der in der Seife enthaltenen fettigen Stoffe mit Kalk. Kali- und Natronseifen sind löslich in Wasser, Kalkseife ist unlöslich.

Versuch Nr. 34 Bildung von Kalkseifen

Materialien Seife, Schnappdeckelgläser, Mineralwasser (mit mehr als 100 mg/L Calcium), Spatellöffel; entionisiertes Wasser, kleines Becherglas, Heizplatte

Durchführung In eines der Gläser wird etwas Seife, abgeschabt mithilfe des Spatellöffels, gefüllt. Dann fügt man bis zur Hälfte des Volumens heißes Wasser (aus der Wasserleitung) hinzu. Anstelle des Leitungswassers kann man auch entionisiertes Wasser aus dem Supermarkt verwenden, das zuvor in einem Becherglas erhitzt wurde. Die Seifenauflösung, nach dem Schwenken der Gläser ohne Schütteln erhalten (mit Leitungswasser wahrscheinlich leicht getrübt), wird auf die zwei Schnappdeckelgläser gleichmäßig verteilt. Das Mineralwasser, das mehr als 100 mg/L Calcium enthalten muss, lässt man zuvor in einem Glas stehen, um das darin gelöste Kohlenstoffdioxid möglichst vollständig zu entfernen. Dann gießt man in eines der Gläser mit Seifenauflösung Mineralwasser hinzu und füllt das Volumen des anderen Glases zu gleicher Höhe mit Wasser (Leitungswasser bzw. entmineralisiertes Wasser) auf.

Beobachtungen Je nach dem Härtegrad des verwendeten Leitungswassers wird schon die Seifenlösung mehr oder wenig getrübt sein. Sie sollte jedoch keine Flocken aufweisen, sonst ist das entionisierte Wasser für den Versuch besser geeignet. Im Allgemeinen erscheint eine Seifenauflösung bei mittlerer Härte des Wassers im Gegenlicht opaleszierend (Tyndall-Effekt durch die getrübte Suspension). Nach der Zugabe des Mineralwassers und einem Umschwenken des Glases bilden sich deutlich erkennbare *Flocken*.

Erläuterungen Bei den Flocken handelt es sich um vorwiegend Calciumsalze von Fettsäuren aus der Seife, beispielsweise der Palmitinsäure, die in Wasser schwer löslich sind.

5 Lösungsvorgänge in Wasser und in organischen Lösemitteln

In der Literatur werden die Begriffe *Lösungsmittel* bzw. *Lösemittel* verwendet. Welche Bezeichnung nun »richtiger« ist, darüber wird häufig gestritten. Da wir mithilfe einer Flüssigkeit erst nach dem Lösen eines Stoffes eine Lösung erzeugt haben, scheint mir der Begriff *Lösemittel* folgerichtiger. Er wird daher in diesem Buch auch verwendet.

Allgemein versteht man unter Lösemitteln Stoffe (nicht nur Flüssigkeiten), die andere Substanzen lösen können, ohne dass eine chemische Reaktion zwischen gelöstem und lösendem Stoff eintritt. Im Alltag ist Wasser das am häufigsten verwendete Lösemittel, jedoch sind auch andere Lösemittel wie Reinigungsbenzin (für die Entfernung von Flecken), Spiritus oder Nagellackentferner (Aceton, Essigsäureethylester) verbreitet.

5.1 Theorien zu den Eigenschaften von Lösemitteln

Für die Lösevorgänge mit Wasser gilt grundsätzlich noch heute, was W. *Ostwald* 1901 geschrieben hat – er beginnt sein viertes Kapitel mit »§1. Die Theorie der Lösungen«:

> **1. Vorbemerkung.**
> ...Um die hier stattfindenden Vorgänge, die grösstentheils in Lösungen erfolgen, vollständig zu übersehen, ist eine Erörterung über die Theorie der Lösungen und den Zustand gelöster Stoffe vorauszuschicken. Infolge der neueren Entwicklung dieses Gebietes ist die Theorie der analytischen Reactionen in ein ganz neues Stadium getreten, ja in wissenschaftlicher Gestalt überhaupt erst möglich geworden; der Fortschritt der analytischen Chemie liegt wesentlich in diesem Punkte.
>
> **2. Zustand gelöster Stoffe.**
> Die vielfach von älteren Forschern ausgesprochene Ansicht, dass in verdünnten Lösungen die Stoffe einen Zustand annehmen, der mit dem Gaszustande Aehnlichkeit hat, ist durch die bahnbrechenden

Arbeiten von van't Hoff zu einer wissenschaftlich streng durchgeführten Theorie geworden. In den früheren Darlegungen ist wiederholt auf die Uebereinstimmung der erfahrungsmässigen Gesetze hingewiesen worden, welche für gelöste Stoffe einerseits, für gasförmige andererseits in Bezug auf ihre Lösungs- und Sättigungsverhältnisse gefunden worden sind; diese Übereinstimmung geht so weit, dass die Materie in beiden Zuständen dem gleichen Gesetz mit denselben Constanten gehorcht, nur das an Stelle des gewöhnlichen Gasdruckes für gelöste Stoffe der osmotische Druck einzutreten hat, d.h. der Druck, welcher an einer Grenzfläche entsteht, die eine Lösung von dem reinen Lösungsmittel trennt, wenn sich an dieser Grenzfläche eine Wand befindet, welche nur dem Lösungsmittel, nicht aber dem gelösten Stoffe den Durchgang verstattet.

Ebenso, wie Bestimmungen der Dichte verdampfter Stoffe bei bestimmten Drucken und Temperaturen Aufschlüsse über deren Zustand gegeben haben, ist man durch die Untersuchung von Lösungen zu dem Resultate gelangt, dass eine grosse Anzahl von Stoffen in wässeriger Lösung nicht der ihnen gewöhnlich zuertheilten Formel entsprechen können; vielmehr müssen sie ein kleineres Molekulargewicht haben, als es die kleinstmögliche Formel ergiebt. Die Deutung dieses Ergebnisses machte anfangs grosse Schwierigkeiten, die erst durch Arrhenius mittelst seiner Theorie der elektrolytischen Dissociation gehoben wurden. Arrhenius erkannte nämlich, dass die erwähnten Abweichungen nur bei solchen Stoffen auftreten, welche sich als elektrolytische Leiter verhalten, und konnte gleichzeitig die Verhältnisse der elektrolytischen Leitfähigkeit und die Abweichungen der fraglichen Lösungen von den einfachen Gesetzen durch die Annahme erklären, dass die salzartigen Stoffe nicht als solche in wässeriger Lösung existiren, sondern mehr oder weniger vollständig in ihre Bestandtheile oder Ionen gespalten sind...

Für *organische Lösemittel* gilt zunächst einmal die Alltagserfahrung, dass beispielsweise Alkohol (als Ethanol oder in Form von Spiritus) gut mit Wasser mischbar, d. h. in Wasser löslich ist. Hier spielt jedoch die Theorie der elektrolytischen Dissoziation keine Rolle. Für andere organische Stoffe wie die Essigsäure gilt diese hingegen. Für die Betrachtung organischer Flüssigkeiten als Lösemittel kann die *Dielektrizitätskon-*

stante ε_o verwendet werden. Es handelt sich um eine (temperaturabhängige) stoffspezifische, dimensionslose Größe als Indikator für eine dielektrische Polarisation der Moleküle, die auf deren Strukturdetails zurückzuführen ist. Beispiele: n-Hexan (ε_o = 1,9), n-Heptan (1,97), Essigsäureethylester (6,0), Isopropanol (19,9), Aceton (20,7), Ethanol (24,6), Wasser (78,4).

Als allgemeine Regel gilt:
Polare Stoffe lösen sich im Allgemeinen gut in polaren Lösemitteln (Salze im Wasser), unpolare Stoffe dagegen besser in unpolaren Lösemitteln (mit niedriger Dielektrizitätskonstante).

Als *aprotische* Lösemittel werden diejenigen bezeichnet, die in ihrem Molekül nicht über eine funktionelle Gruppe verfügen, aus der Wasserstoffatome als Protonen (Wasserstoff-Ionen) abgespalten werden können. Beispiele sind n-Hexan und Essigsäureethylester mit geringen Dielektrizitätskonstanten. *Aprotisch-unpolar* sind vor allem die n-Alkane wie n-Hexan (geringer Unterschied in der Elektronegativität zwischen Kohlenstoff und Wasserstoff) – sie sind *lipophil* (wie die Fette, die darin gut löslich sind) und sehr *hydrophob* (wasserabstoßend). *Aprotisch-polar* sind Moleküle mit stark polaren Gruppen wie der Carbonylgruppe (Beispiel: Essigsäureethylester) und *protisch* sind Lösemittel, die über eine funktionelle Gruppe verfügen, die Wasserstoffatome abspalten (dissoziieren) kann, also Wasser und prinzipiell auch Alkohole, die bekanntlich Alkoholate (Salze) bilden können.

5.2 Wasser als Lösemittel

Wasser als Lösemittel hat vor allem die Eigenschaft, Stoffe, die aus Ionen bestehen, in ihre Ionen zu dissoziieren.

Kristallbildungen stellen einen *exothermen* Prozess dar (Abgabe von Wärmeenergie an die Umgebung). Beim Lösen der Kristalle muss zunächst die *Gitterenergie* aufgebracht werden (*endothermer Prozess* unter Verbrauch von Wärmeenergie). Bei der *Solvatation*, der Koordination der Ionen mit Lösemittel-Molekülen (meist Wassermolekülen) als Hülle, wird Energie freigesetzt. Die *Lösungswärme* ist somit die Differenz von Solvatisierungsenergie und Gitterbildungsenergie. Je mehr Solvatisierungsenergie frei wird, umso höher ist die Löslichkeit.

Versuch Nr. 35 — Lösungswärme beim Lösen eines Rohrreinigers in Wasser

Materialien Rohrreiniger (mit Natriumhydroxid), 50-mL-Erlenmeyerkolben, Thermometer (bis mind. 100 °C), Löffel

Durchführung In den Erlenmeyerkolben werden ca. 20 mL Wasser gefüllt. Dann stellt man das Thermometer hinein und fügt 1–2 Löffel voll Rohrreiniger hinzu. Unter vorsichtigem Rühren mit dem Thermometer wird die Substanz gelöst und zugleich der Anstieg der Temperatur beobachtet.

Beobachtungen Je nach verwendeter Menge an Rohreiniger steigt die Temperatur der Lösung in Bereiche über 60-70 °C und höher, wobei sich Wasserdampf entwickeln kann.

Erläuterungen In Wasser ist Natriumhydroxid (Ätznatron) leicht löslich: bei 20 °C 109 g/100 mL, bei 100 °C 342 g/100 mL Wasser. Dabei wird eine bedeutende Wärmemenge von 42,91 kJ/mol (molare Masse von NaOH: 40 g) frei. Die wässrige Lösung reagiert stark alkalisch und wird als *Natronlauge* bezeichnet. Hier gilt die Regel: Je größer die freiwerdende Solvatisierungsenergie, umso größer ist die Löslichkeit. Die bei der Solvatation der beiden Ionen (des Natrium-Kations Na^+ und des Hydroxid-Anions OH^-) freigesetzte Energie ist besonders groß. Mit Wasserdampf ist NaOH flüchtig – deshalb wirken die Dämpfe stark ätzend (Vorsicht beim Versuch!).

Im *Rohrreiniger* hat Natriumhydroxid die Funktion, Fette als Ursache von Verstopfungen in die Fettsäuren (unter Bildung von Natriumsalzen) und Glycerin zu spalten, wobei die Reaktion infolge der beim Lösen in (wenig) Wasser freiwerdenden Wärme beschleunigt wird.

Im Abschnitt 2.4 über Salze wurden bereits Experimente zur Löslichkeit von Salzen im Wasser vorgestellt. Dieses Kapitel beschränkt sich nach dem Versuch zur Lösungswärme daher auf Löslichkeiten spezieller Alltagsprodukte in Wasser.

Versuch Nr. 36 — Löslichkeit von Citronensäure in Wasser bzw. Spiritus

Materialien Citronensäure, Spiritus, Schnappdeckelgläser, Spatellöffel

Durchführung Jeweils annähernd gleiche Mengen Citronensäure werden in den Gläsern (Boden bedeckt) in ca. 10 mL Wasser bzw. Spiritus durch kräftiges Schütteln (ca. 30 Sekunden) zu lösen versucht.

Beobachtungen In Wasser wird sich die Citronensäure vollständig gelöst haben, in Spiritus dagegen nur unvollständig.

Erläuterungen Die Citronensäure ist eine relativ starke Säure, die sich infolge der Dissoziation der ersten Stufe (Kap. 2.2) in Wasser wesentlich besser löst als in Ethanol.

Anregung für ein weiteres Experiment Man stelle sich eine möglichst gesättigte Lösung von Citronensäure in Wasser her und tropfe aus einer Plastikpipette dann Spiritus hinzu, bis eine Trübung auftritt. Auf diese Weise lässt sich ein Gemisch aus Wasser und Ethanol ermitteln, in dem die Löslichkeit überschritten wird. Dieser Versuch kann auch quantitativ (Einwaage der Citronensäure und Abmessen des Volumens von Wasser sowie Messung des zugegebenen Ethanolvolumens) durchgeführt werden.

Versuch Nr. 37 — Mischbarkeit von Wasser mit organischen Lösemitteln

Materialien Benzin, Spiritus, Nagellackentferner, entmin. Wasser, 10-mL-Messzylinder, Schnappdeckelgläser

Duchführung Jeweils 5 mL der Lösemittel werden in einem Glas mit dem gleichen Volumen an Wasser gemischt.

Beobachtungen Benzin/Wasser bilden zwei Phasen, Spiritus/Wasser mischen sich vollständig (eine Phase) und mit den Nagellackferner entstehen je nach Zusammensetzung auch zwei mehr oder weniger deutlich erkennbare Phasen. Aceton allein mischt sich mit Wasser.

Erläuterungen Je weiter die Dielektrizitätskonstanten auseinanderliegen, um so weniger sind die Flüssigkeiten miteinander mischbar.

Nagellackentferner können außer Aceton oder Essigsäureethyester (Ethylacetat) auch Isopropanol (2-Propanol), Octyldecanol, denaturierten Alkohol oder Triglyceride der Octan- bzw. Decansäure (Capryl- bzw. Caprinsäure) enthalten (s. *Ingredients*-Listen der jeweiligen Produkte).

5.2 Benzin und Spiritus als Lösemittel

Mit *Reinigungsbenzin* wird ein aus Erdöl (Naphtha) durch Hydrierung gewonnenes Gemisch aus paraffinischen (historisch für gesättigte aliphatische Kohlenwasserstoffe) und naphtenischen (alicyclischen) Kohlenwasserstoffen im Bereich von 7 bis 9 Kohlenstoffatomen bezeichnet. Es enthält u. a. Heptan (und Isomere) sowie Methylcyclohexan. Nach Kap. 5.1 zählt das Reinigungsbenzin zu den aprotisch-unpolaren Lösemitteln mit niedriger Dielektrizitätskonstante.

Als *Spiritus* wird vergällter und damit von der Branntweinsteuer befreiter Alkohol (Ethanol) bezeichnet. Für technische Zwecke (Reinigungsmittel, Kosmetik u. Ä.) wird unversteuerter Alkohol unter Zollaufsicht vergällt – durch Zusätze von beispielsweise Methylethylketon (2-Butanon) und zwei weiteren »branntweinsteuerlich vorgeschriebenen Markierungskomponenten« (Cyclohexan, Petrolether, Phthalsäurediethylester oder ähnlichen). Dadurch wird Ethanol ungenießbar. Dem *Brennspiritus* als Brennstoff wird zusätzlich zum 2-Buntanon noch das sehr bitter schmeckende *Denatoniumbenzoat* (1958 von dem schottischen Chemiker J. R. Smith entdeckt) zugesetzt. Denatonium ist eine quartäre Ammoniumverbindung, ein Derivat des Lokalanästhetikums Lidocain (mit einer zusätzlichen Benzylgruppe am Aminstickstoff), das ab 10 ppm für den Menschen einen als unerträglich empfundenen bitteren Geschmack aufweist.

Versuch Nr. 38 Zur Mischbarkeit der Lösemittel Benzin und Spiritus

Materialien Reinigungsbenzin, Spiritus, 3-mL-Plastikpipette, 10-mL-Messzylinder, hohes Schnappdeckelglas

Durchführung In das Glas werden 20 mL Reinigungsbenzin gefüllt. Dann nimmt man 2 mL Spiritus in die Plastikpipette auf und gibt das Lösemittel daraus langsam und tropfenweise in das Glas mit Benzin.

| | Benzin und Spiritus als Lösemittel | 91 |

Beobachtungen Die ersten Tropfen Spiritus perlen durch das Benzin und scheinen sich darin auch zu lösen. Ab etwa 0,5 mL Spiritus trübt sich das Benzin milchig ein und nach der Zugabe von 2 mL bildet sich am Boden des Glases eine zweite Phase.

Erläuterungen Das polare Lösemittel Spiritus (Ethanol) löst sich im aprotisch-unpolaren Kohlenwasserstoffgemisch infolge der großen Differenz zwischen den Dielektrizitätskonstanten (s. Kap. 5.1) nur in sehr geringem Maße. Am Phänomen des perlenartigen Durchwanderns der Spiritustropfen durch das Benzin kann man diese Eigenschaft gut erkennen. Schließlich bilden sich zwei nicht mischbare Phasen.

Versuch Nr. 39 Zur Löslichkeit spezieller organischer Säuren

Materialien Einmachhilfe »Gurkenfest« [Zutaten: Säuerungsmittel (Calciumacetat, Weinsäure), Konservierungsstoffe (Natriumbenzoat, Kaliumsorbat)], Schnellentkalker (mit Citronen- und Amidoschwefelsäure), Spiritus, Plastikpipette, Schnappdeckelgläser, Spatellöffel

Durchführung Zunächst wird in einem Glas der Boden mit der Mischung der Einmachhilfe bedeckt und in möglichst wenig Wasser durch längeres kräftiges Schütteln vollständig gelöst.

Danach fügt man einen Spatellöffel in Wasser gut löslichen Schnellentkalker hinzu und schüttelt kurz um.

Dann tropft man in kleinen Volumina nach und nach unter jeweiligem Umschütteln so viel Spiritus hinzu, dass wieder eine klare Lösung erzielt wird.

Beobachtungen Das Gemisch aus Calciumacetat, Weinsäure und den beiden Salzen der Benzoesäure bzw. Sorbinsäure löst sich nur langsam im Wasser auf. Nach dem Hinzufügen der beiden starken Säuren aus dem Schnellentkalker entstehen weiße kleine Flocken, die sich zunächst auch am Glasrand sowie auf der Wasseroberfläche und nach kurzer Zeit dann auf dem Boden des Glases absetzen. Nachdem genügend Spiritus dem Wasser hinzupipettiert wurde, entsteht wieder eine klare Lösung.

Erläuterungen

Die Funktionen der beiden Konservierungsstoffe (Benzoesäure E 210, Sorbinsäure E 200 bzw. als Natriumbenzoat E 211 sowie Kaliumsorbat E 202), nämlich das Wachstum von Mikroorganismen (hier Schimmelpilzen) zu hemmen (und Enzymfunktionen zu blockieren), ist optimal im sauren Bereich, wenn beide als überwiegend undissoziierte Säuren auch Zellmembranen durchdringen können. Im Gemisch der sogenannten Einmachhilfe wird diese Aufgabe durch die Weinsäure wahrgenommen (meist zusätzlich bei Gurken noch durch Essigsäure beim Einlegen). Das Calciumsalz soll durch die Bildung von Calciumpektinat auch das Weichwerden verringern. Aus den Beobachtungen des Versuches lassen sich folgende Eigenschaften entnehmen:

1. Die Salze lösen sich zwar langsam, aber doch ziemlich gut im Wasser.

2. Durch die Zugabe der starken Säure, also bei niedrigem pH-Wert, bilden sich die undissoziierten organischen Säuren:
Die Benzosäure ist die einfachste aromatische Säure (Benzolring mit einer Carboxyl-Gruppe) und ist stärker als die Essigsäure dissoziiert (s. Tab. 2 in Kap. 2.2). In Wasser ist sie bei 20 °C zu 2,7 g/L löslich.

$$C_6H_5\text{–}COOH + H_2O \rightleftharpoons C_6H_5\text{–}COO^- + H_3O^+ \quad (pK_s = 4{,}19)$$

Die Sorbinsäure als Hexadiensäure (zweifach ungesättigte aliphatische Carbonsäure) weist die gleiche Dissoziationskonstante wie die Essigsäure auf. Sie ist in Wasser nur zu 1,6 g/L löslich.

$$CH_3\text{–}CH = CH\text{–}CH = CH\text{–}COOH + H_2O \rightleftharpoons CH_3\text{–}CH = CH\text{–}CH = CH\text{–}COO^- + H_3O^+ \quad (pK_s = 4{,}76)$$

Als Salze lösen sich beide Säuren dagegen zu höheren Konzentrationen. In der stark sauren Lösung (durch den Zusatz der Citronen- und Amidoschwefelsäure) werden die Gleichgewichte auf die linke Seite zu den undissoziierten Säuren verschoben. Sie bilden die flockenartigen Trübungen bzw. Niederschläge und lösen sich in dem weniger polaren Ethanol ohne Dissoziation wieder auf.

Hinweise: Die Anwesenheit des Calciumsalzes lässt sich durch Zusatz von Natriumcarbonat zur wässrigen Lösung anhand der Fällung von Calciumcarbonat (s. auch Kap. 4.2) nachweisen. Das Acetat lässt sich als Essigsäure durch Erwärmen der mit den Säuren versetzten Lösung am Geruch erkennen (Verdrängung der schwächeren Essigsäure aus ihrer Verbindung durch die stärkeren Säuren des Schnellentkalkers, s. auch Kap. 2.2 und 3.2). Auch lässt sich mithilfe eines Indikators (Rotkohlextrakt) prüfen, ob die Lösung sauer reagiert.

Das Produkt »Einmachhilfe« eignet sich somit für Versuche zu mehreren *Basisreaktionen*:

1. Feststellung des pH-Wertes (s. Kap. 2.2),
2. Freisetzung einer schwachen Säure (Essigsäure) aus ihrer Verbindung (einem Salz, dem Acetat) durch starke Säuren (s. Kap. 3.2),
3. Fällung von schwer löslichem Calciumcarbonat (s. Kap. 4.2) sowie
4. Löslichkeit von Salzen und organischen Säuren.

Versuch Nr. 40 — Verteilung von Iod zwischen Spiritus und Benzin

Materialien Brennspiritus, Reinigungsbenzin, Iodlösung (Povidon aus der Apotheke), Plastikpipetten, Schnappdeckelglas

Durchführung Ein bis zwei Tropfen der Povidon-Iodlösung werden mit Brennspiritus im Schnappdeckelglas verdünnt. Dann fügt man das gleiche Volumen an Benzin hinzu und extrahiert im verschlossenen Glas durch vorsichtiges, nicht zu kräftiges Schütteln.

Im zweiten Teil des Versuches tropft man die Iodlösung in Wasser und extrahiert wie im ersten Teil mit Benzin.

Im dritten Teil wird das Iod in ein Gemisch aus Spiritus und Wasser (gleiche Anteile) getropft und ebenso extrahiert.

Beobachtungen Iod nimmt sowohl im Spiritus als auch Wasser eine gelbe bis gelbbraune Farbe (je nach Konzentration) an. Bei reinem Spiritus als Lösemittel nimmt die obere Benzinphase keine Farbe an, beim Wasser als Lösemittel färbt sie sich nach der Extraktion jedoch rotviolett. Aus dem Gemisch aus Spiritus und Wasser sind im Vergleich zum letzteren Ergebnis eine geringere Farbintensität in der Benzin- oder eine höhere in der wässrig-ethanolischen Phase festzustellen.

Erläuterungen

Iodmoleküle (I$_2$) lösen sich in Wasser und in Ethanol unter Wechselwirkungen mit den Lösemittelmolekülen. (Iod verhält sich als Lewis-Säure, s. Kap. 2.1, mit dem sauerstoffhaltigen Donor-Lösemittel als Lewis-Base unter teilweiser Übertragung (*charge transfer*) eines freien Donorelektronenpaares zum Iod, wobei ein sogenannter *Charge-Transfer-Komplex* gebildet wird.) Im Lösemittel Benzin ist kein Sauerstoffatom vorhanden, sodass Iod eine andere Farbe – rotviolett, die des »nackten« Moleküls – annimmt.

Das Gleichgewicht zwischen den beiden Phasen lässt sich als Gleichgewichtskonstante formulieren (s. Kap. 1.1), der in diesem speziellen Fall als *Verteilungskoeffizient* angegeben wird. Es gilt nach Einstellung des Gleichgewichts der *Nernst'sche Verteilungssatz*, allgemein:

$$[c^{II}_{(A)}] : [c^{I}_{(A)}] = K_c = \alpha$$

I: Ethanol, II: Benzin, c: Konzentration eines Stoffes A, α: Verteilungskoeffizient
(Die sogenannte thermodynamische Verteilungskonstante berücksichtigt die hier vernachlässigten Aktivitäten der Stoffe in den einzelnen Phasen.)

Beim Iod verschiebt sich das Gleichgewicht zur Phase II, je polarer die Phase I ist. Beim Phasenpaar Ethanol/Wasser liegt es noch ganz auf der Seite des Ethanols. Beim Wasser hat es sich zur Benzin-Phase verschoben – das bedeutet auch, die Löslichkeit im Wasser ist geringer als im Benzin.

Mithilfe dieses einfachen Experiments lassen sich die Grundlagen der *Verteilungs-Gleichgewichte*, der *Flüssig-flüssig-Extraktion* sehr gut veranschaulichen.

Versuch Nr. 41 — Löslichkeiten von Naturstoffen zwischen zwei nicht mischbaren Flüssigkeiten

Materialien

Reinigungsbenzin, Brennspiritus, getrocknete (gerebelte – ohne Stiele) Petersilie, Schnappdeckelgläser

Durchführung

Aus getrockneter Petersilie wird durch Schütteln mit Spiritus in einem geschlossenen Glas ein Extrakt hergestellt. Man gießt die Lösung in ein zweites Glas und fügt etwa ein Drittel des Volumens Benzin hinzu. Dann schüttelt man das verschlossene Glas (nicht zu kräftig) etwa 10–20 Sekunden und lässt es danach stehen, bis sich die beiden Phase wieder getrennt haben.

Beobachtungen Die Phasentrennung nimmt etwas Zeit in Anspruch. Danach ist die obere (Benzin-)Phase intensiv grün, die untere Ethanol-Phase gelb gefärbt.

Erläuterungen Im sogenannten Blattgrün sind Chlorophylle (grün) und Xanthophylle (gelb, oxidierte Carotine) als Begleitstoffe enthalten. Chlorophylle sind aufgrund der lipohilen Phytyl-Seitenketten (einfach ungesättigte acyclische Kohlenwasserstoffreste $C_{20}H_{39}$) besser in unpolaren Lösemittel wie dem Benzin als im polaren Ethanol löslich. Das *Gleichgewicht* der *Verteilung* zwischen zwei nicht miteinander mischbaren Phasen liegt somit auf der rechten Seite:

$$[\text{Chlorophyll}]_{\text{EtOH}} \rightleftarrows [\text{Chlorophyll}]_{\text{Benzin}}$$

Das im Versuch verwendete Verteilungssystem Ethanol/Benzin (oder auch Wasser, Wasser-Ethanol-Gemische) ist gut geeignet, farbige Substanzen in Alltagsprodukten bzw. als Naturstoffe nach ihrer Polarität zu charakterisieren. So verteilen sich die Carotine in Benzin, die polareren Xanthophylle (als Derivate der Carotine) in Ethanol. Aus Gemischen lassen sich Stoffe trennen, so aus frischen Extrakten aus Rotkohl die wasser- und ethanollöslichen Anthocyane von Chlorophyllen (nur bei frischem, jungem Rotkohl noch vorhanden). Weitere Entdeckungen sind im Bereich gefärbter Süßwaren möglich. Probleme in der Phasentrennung treten in Form von Emulsionen auf, die sich durch längeres Abwarten oder bei wässrigen Lösungen durch die Zugabe von etwas Spiritus in vielen Fällen aufheben lassen.

6 Oxidation und Reduktion

6.1 Theorien von der Phlogiston- bis zur Redox-Theorie

Nach griechischen Vorstellungen enthielten Stoffe, die brennen können, in sich selbst das *Element Feuer*, das sich unter geeigneten Bedingungen frei machte. Ähnlich waren die Ansichten der Alchemisten, nur dass sie glaubten, ein *Brennstoff* enthielte den Grundstoff *Schwefel* (wenngleich nicht unbedingt wirklichen Schwefel). Diese Überzeugung vertrat vor allem *Paracelsus* (1493–1541) in seiner Theorie von den drei Urstoffen »tria prima: Sulphur, Mercurius und Sal(z)«.

Die Rolle des Schwefels zweifelte jedoch schon Johannes *Kunckel* (1630–1703, mit einem Laboratorium auf der Pfaueninsel) in seinem Werk »Laboratorium chymicum« an, das erst nach seinem Tod 1716 erschien. Er schrieb (zitiert nach S. Arrhenius):

> Mir altem Manne, der sich sechzig Jahre lang mit Chemie beschäftigt hat, ist es nie geglückt, den ›fixen Schwefel‹ zu entdecken oder zu finden, wie er in die Zusammensetzung der Metalle eingeht. Die Philosophen sind durchweg nicht einerlei Meinung über diesen Schwefel, ein jeder versteht darunter etwas anderes. Man kann ja dazu sagen, dass jedermann das Recht hat, sein Kind so zu taufen, wie er will. Meine Ansicht ist: Wenn ihr wollt, mögt ihr meinetwegen den Esel eine Kuh nennen, aber ihr werdet niemanden finden, der glauben wird, dass euer Esel eine Kuh ist.

Dem Mediziner und Chemiker Daniel *Sennert* (1572–1637), ab 1603 Professor der Medizin in Wittenberg und Anhänger des Paracelsus, wird die Wiederbelebung der atomistischen Vorstellungen in der Chemie und auch die Bezeichnung *Phlogiston* für das Prinzip des Brennbaren zugeschrieben.

Im Jahre 1669 versuchte Johann Joachim *Becher* (1635–1682; 1657–1664 Leibarzt am Hof des Kurfürsten Johann Philipp in Mainz und Lehrtätigkeit an der Universität, 1664–1670 Leibarzt in München) die genannten bisherigen Vorstellungen weiter zu vereinfachen. Er nahm an, dass sich die festen Stoffe aus drei Arten von »Erde« zusammensetzten. Eine davon nannte er »terra pinguis« (fettige Erde); er glaubte, dass diese der Grund für die Brennbarkeit sei.

Ein Anhänger von Bechers ziemlich verschwommener Lehre war der Arzt und Chemiker Georg Ernst *Stahl* (1660–1734; ab 1694 Professor für Medizin in Halle). Er schuf nach Isaac *Asimov* auch die Bezeichnung für die Ursache der Brennbarkeit – *Phlogiston*, abgeleitet aus dem griechischen Wort mit der Bedeutung »in Brand setzen«. Die *Phlogistontheorie* stellt den ersten Versuch dar, eine Systematisierung der Stoffe aufgrund ihres Verhaltens zum Feuer und zur Brennbarkeit vorzunehmen und die Ursache der Verbrennlichkeit einem Prinzip unterzuordnen. Stahl verwandelte die abstrakte »terra pinguis« in ein »brennliches Wesen«, das Phlogiston, und lehrte, dass alle brennbaren oder der Verkalkung unterliegenden mineralisch-anorganischen sowie organischen Stoffe den gemeinsamen Bestandteil *Phlogiston* enthielten und dass der Verbrennungsvorgang von einem Entweichen des Phlogistons begleitet sei. Durch Hinzufügen eines phlogistonreichen Stoffes wie z. B. Kohle könne dem verbrannten Stoff, z. B. Metallkalken, das Phlogiston wieder zurückgegeben werden. Wir haben also folgende umkehrbare Reaktion:

Verbrennen (Dephlogistierung):
Metall → Metallkalk + Phlogiston

Rückreaktion (Phlogistierung):
Metallkalk + Kohle → Metall

Metall durch *Dephlogistierung* (Oxidation) ergibt Metallkalk, Metallkalk durch *Phlogistierung* (Reduktion) liefert wieder das Metall.

Das uralte Verfahren der Hüttenleute wird damit erstmalig theoretisch beleuchtet. Auch der Philosoph Immanuel *Kant* zollte der Phlogiston-Theorie Beifall, als er in seiner »Kritik der reinen Vernunft« (1787) über Stahl schrieb, der »Metalle in Kalk und diesen wiederum in Metall verwandele, indem er ihnen etwas entzog und wiedergab, so ging allen Naturforschern ein Licht auf.« Dass trotz allem diese Theorie einen offenkundigen Widerspruch nicht behob, den auch ein Kant nicht wesentlich fand, berührt uns heute eigenartig, nämlich die bei der Verkalkung der Metalle nachgewiesene und auch Stahl bekannte Gewichtszunahme – und doch sollte das Phlogiston entweichen! Tatsächlich bedeutete dieser Widerspruch bei der damaligen unklaren und uneinheitlichen Auffassung von Materie und Gewicht nicht viel, schrieb der Chemiker und Chemiehistoriker Paul *Walden* (1863–1957).

Brennbare Objekte waren nach Stahls Meinung reich an Phlogiston, und der Verbrennungsvorgang bedeutete den Verlust von Phlogiston an die Luft. Der Verbrennungsrückstand war frei von Phlogiston und konnte daher nicht mehr brennen. Holz besaß somit Phlogiston, Asche jedoch nicht.

Stahl behauptete ferner, dass das Rosten von Metallen dem Brennen von Holz entspräche, und so glaubte er, dass ein Metall Phlogiston besäße, dessen Rost (oder Metallkalk) aber nicht. Das stellte eine wichtige Einsicht dar; sie ermöglichte eine angemessene Erklärung für die Umwandlung von erzhaltigem Gestein in Metalle – die erste große chemische Entdeckung der zivilisierten Menschen. Die Erklärung dazu lautet nach der Phlogistontheorie: Ein erzhaltiges Gestein, arm an Phlogiston, wird mittels Holzkohle erhitzt, die sehr reich an Phlogiston ist. Das Phlogiston geht auf das Erz über, sodass sich die phlogistonreiche Holzkohle in phlogistonarme Asche verwandelt, während das phlogistonarme Erz zu phlogistonreichem Metall wird. Nach Stahls Ansicht war die Luft selbst nur indirekt für die Verbrennung von Nutzen, denn sie diente nur als Träger für das Phlogiston, wenn es Holz oder Metall verließ, um auf sonst irgendetwas überzugehen (wenn sonst etwas verfügbar war).

Stahls Theorie stieß anfangs auf Widerspruch. Besonders der holländische Arzt Hermann *Boerhaave* (1668–1738) wandte ein, dass eine gewöhnliche *Verbrennung* und das *Rosten* nicht verschiedene Lesarten desselben Phänomens sein könnten. Für Stahl lag die Erklärung hierfür darin, dass bei der Verbrennung von Substanzen wie Holz das Phlogiston diese so schnell verließe, dass dadurch ihre Umgebung erhitzt und als Flamme sichtbar würde. Beim Verrosten dagegen ginge der Verlust von Phlogiston langsamer vor sich, sodass keine Flamme erschiene. Trotz Boerhaaves Widerspruch gewann die Phlogiston-Theorie während des 18. Jahrhunderts an Popularität. Um das Jahr 1780 war sie von nahezu allen Chemikern übernommen worden.

Von Chemiehistorikern wird das 18. Jahrhundert als das Zeitalter der »Grundlegung der klassischen Chemie« oder auch als »Lavoisiers Zeitalter« beschrieben. Fast alle Chemiker waren Phlogistiker, zunächst auch Lavoisier, der das Phlogiston entthronte, indem er nachwies, dass man zur Erklärung des Redoxprozesses keinen hypothetischen Stoff benötigte. Er unterschied sich von anderen Chemikern dadurch, dass er sich weniger an dem Begriff Phlogiston als an dem Reaktionsmechanismus orientierte. Dabei kam ihm zugute, dass er die Gewichtsverhältnisse als ein für die chemischen Vorgänge wichtiges Phänomen erkannte.

Lavoisier ließ die Beobachtung keine Ruhe, dass beim Verbrennen von Phosphor und Schwefel ebenso wie beim Verkalken der Metalle eine Erhöhung des Gewichts eintrat. Daraus wagte er die Generalisierung, dass bei allen Verbrennungen Gewichtserhöhungen eintreten, ein kühner Schluss, der zunächst auch nur als Hypothese gedacht war.

Aber erst durch die Entdeckung des *Sauerstoffs* durch *Scheele* 1771 und unabhängig davon durch *Priestley* 1774 wurde eine »kopernikanische Wende« in der Chemie eingeläutet. Lavoisier in Paris hatte durch eine persönliche Mitteilung von der Entdeckung Priestleys erfahren: Beim Erhitzen von Quecksilberoxid mit einem Brennglas hatte dieser das Gas entdeckt. Lavoisier erkannte sehr schnell die Bedeutung dieser Entdeckung: Sauerstoff als ein Teil der Luft, der mit brennbaren und metallischen Stoffen eine Verbindung eingeht. Er gab der »dephlogistierten Luft«, der »Feuerluft« Scheeles, den Namen *Sauerstoff*.

Im Frühjahr 1775 war Lavoisier soweit, Priestleys Experiment nachzumachen. Aber er wollte nicht nur den Sauerstoff gewinnen, sondern er wollte sehen, ob dieser jene Luftart war, die das Verkalken bzw. Verbrennen besorgte. Er isolierte also nicht nur den Sauerstoff vom Quecksilberkalk, sondern er vereinigte Quecksilber und Sauerstoff zu Quecksilberkalk. Gleichzeitig untersuchte er, wie sich die Gewichte der beteiligten Substanzen verhielten. So gelang ihm der Beweis, dass die an der *Reduktion* und *Oxidation* beteiligten Stoffe ohne Gewichtsveränderungen geblieben waren:

$$2\,Hg + O_2 \leftrightarrows 2\,HgO$$

(Oxidation von Quecksilber mit Sauerstoff zu Quecksilberoxid und Reduktion des Quecksilberoxids durch Abgabe von Sauerstoff zum Quecksilbermetall)

Mit diesen Ergebnissen begann das Zeitalter der wissenschaftlichen Chemie.

Ab 1777 wurden von *Lavoisier* die beiden Begriffe Oxidation und Reduktion wie folgt verstanden:

– *Oxidation*: Chemische Umsetzung eines Stoffes mit Sauerstoff (Beispiele: Bildung von Wasser durch Umsetzung von Wasserstoff mit Sauerstoff – »Knallgasreaktion« – $2\,H_2 + O_2 \rightarrow 2\,H_2O$; Oxidation von Kohlenstoffmonoxid durch Sauerstoff zum Kohlenstoffdioxid: $2\,CO + O_2 \rightarrow 2\,CO_2$).
– *Reduktion*: Zurückführen der (oxidierten) Stoffe in den ursprünglichen Zustand durch Entzug von Sauerstoff (Beispiele: Reduktion von Bleioxid mit Wasserstoff – $PbO + H_2 \rightarrow Pb + H_2O$; Reduktion von Eisenoxid mit Kohlenstoff – $FeO + C \rightarrow Fe + CO$).

In der ersten Hälfte des 19. Jahrhunderts erfolgten einige Erweiterungen dieser fundamentalen Begriffe. So wurde auch die Übertragung von Sauerstoff aus anderen Verbindungen als Oxidation bezeichnet: $CO + PbO \rightarrow Pb + CO_2$ – Kohlenstoffmonoxid wird durch Aufnahme des Sauerstoffs aus dem Bleioxid zu Kohlenstoffdioxid oxidiert, Bleioxid durch Abgabe von Sauerstoff an das Kohlenstoffmonoxid reduziert.

– Als *Oxidationsmittel* galt (und gilt noch heute) allgemein ein *sauerstoffzuführendes* oder *wasserstoffentziehendes Mittel* (Beispiel: Umsetzung von Ammoniak mit Chlor gemäß 2 NH_3 + 3 Cl_2 → N_2 + 6 HCl).
– Ein *Reduktionsmittel* ist ein *sauerstoffentziehendes* (Beispiel: Fe_2O_3 + 3 Mg → 2 Fe + 3 MgO) oder *wasserstoffzuführendes* Mittel.

1860 entstand der Begriff der *Wertigkeit* eines Atoms oder einer Gruppe von Atomen innerhalb einer chemischen Verbindung. 1852/53 stellte der englische Chemiker Edward *Frankland* (1825–1899, promovierte 1849 in Marburg, später Professor in Manchester und London) fest, dass Elemente wie Stickstoff, Phosphor, Arsen und Antimon sich jeweils mit 3 oder 5 Äquivalenten (damals auch »Verbindungsgewicht« wie bei Ostwald – s. unten – genannt) Wasserstoff vereinigen. (In der modernen Chemie wird Wertigkeit häufig als Synonym für die Oxidationszahl, s. weiter unten, verwendet.) Der Physikochemiker Wilhelm *Ostwald* (s. Kap. 1.1) beschrieb den Begriff *Wertigkeit* in der 4. Auflage seiner »Einführung in die Chemie« (1922) wie folgt:

> 157. **Wertigkeit.** Chlor verbindet sich mit dem Wasserstoff nur in einem Verhältnis, nämlich zu gleichen Verbindungsgewichten. Wählt man den Wasserstoff zum Maßstab für die Verbindungsfähigkeit und schreibt ihm daher die Einheit der Bindung gegenüber anderen Elementen zu, so muß man dem Chlor gleichfalls die Einheit zuschreiben, da ein Verbindungsgewicht des einen sich mit einem Verbindungsgewicht des anderen vereinigt. Ebenso ist Natrium und Kalium einwertig, da sie sich je mit einem Verbindungsgewicht Chlor verbinden. Sauerstoff ist dagegen zweiwertig, weil es zwei Verbindungsgewichte Wasserstoff an sich nimmt, und Magnesium ist zweiwertig, weil es zwei Verbindungsgewichte Chlor aufnimmt. Verbindet sich aber zweiwertiges Magnesium mit zweiwertige Sauerstoff, so ist wieder je ein Verbindungsgewicht zu jedem nötig und ausreichend, um eine ›gesättigte‹ Verbindung zu ergeben; in der Tat hat das Magnesiumoxyd (...) die Zusammensetzung MgO.
>
> Hieraus ergibt sich die Regel, daß die Elemente sich so verbinden, daß gleiche Wertigkeite gegeneinander stehen. Haben die Elemente verschiedene Wertigkeiten, so muss im umgekehrten Verhältnis die Anzahl der Verbindungsgewichte genommen werden,

damit beiderseits eine gleiche Anzahl von Wertigkeiten entsteht. Nach dieser Regel kann man, wenn man sich die Wertigkeiten gemerkt hat, sich sehr leicht die Zusammensetzung und die Formel der verschiedenen Verbindungen einprägen...

Beispiel für Wertigkeitsänderungen sind die Oxidation von Eisen(II)-oxid durch Sauerstoff zu Eisen(III)-oxid (4 FeO + O_2 → 2 Fe_2O_3) und die Oxidation von Natrium durch Chlor (2 Na + Cl_2 → 2 NaCl). Auch die Reaktion von Stickstoff und Wasserstoff, bereits in Erweiterung der Theorie von Lavoisier als Reduktion aufgefasst, kann besser nach der Theorie der Wertigkeit erklärt werden: N_2 + 3 H_2 → 2 NH_3. Stickstoff erhält im Ammoniak die Wertigkeit –3, wird also reduziert (mit +1 für den Wasserstoff).

Bereits 1916 hatten Walther *Kossel* (1888–1956) und Gilbert Newton *Lewis* (1875–1946) die Elektronentheorie der chemischen Bindung entwickelt. Das Forschungsgebiet von Walther Kossel (Schüler von Arnold Sommerfeld, 1921 Professor für theoretische Physik an der Universität Kiel, ab 1932 an der Technischen Hochschule Danzig und ab 1945 bis 1953 Professor für Physik an der Universität Tübingen) war die Struktur der Atome und Moleküle. Er stellte auf der Grundlage der damals neuen Quantentheorie von Niels Bohr eine Theorie der kovalenten Bindung (Valenztheorie) auf. Lewis arbeitete nach seiner Promotion 1899 an der Harvard University bei Wilhelm Ostwald in Leipzig und bei Walther Nernst in Göttingen. Von 1907 bis 1912 war er Professor am Massachusetts Institute of Technology (MIT), danach an der University of California in Berkeley. Im englischen Sprachraum zählte er zu den Ersten, die sich mit Einsteins Spezieller Relativitätstheorie beschäftigten. Durch seine Forschungen auf dem Gebiet der Valenzen von Atomen und deren Elektronenhüllen schuf er wesentliche Grundlagen für die Theorie chemischer Bindungen. Unabhängig von Irving Langmuir (1881–1957; Promotion bei Nernst in Göttingen 1906, 1909–1950 im Forschungslaboratorium der General Electric Comp./USA) entwickelte er die Oktett-Theorie der Valenz. Von ihm stammt auch eine 1923 beschriebene Erweiterung des Säure-Base-Begriffs (s. Kap. 2.1).

Nach der Elektronentheorie der chemischen Bindung werden Redoxreaktionen auf die *Übertragung von Elektronen* zurückgeführt. Man kann diese Theorie auf eine formale Übertragung der Säure-Base-Theorie von Brönstedt auffassen.

Ebenso wie *Säure-Base-Reaktionen* sind auch *Redoxvorgänge* als Reaktionstyp zu den *Austauschprozessen* zu zählen:

- *Oxidation*: Reaktion unter *Elektronenabgabe* – ein Oxidationsmittel ist ein *Elektronendonator*
Beispiel: Lösen von Eisen in Säure
$Fe \rightarrow Fe^{2+} + 2\,e^-$
$2\,H_3O^+ + 2\,e^- \rightarrow H_2\uparrow + 2\,H_2O$
Gesamtgleichung: $Fe + 2\,H_3O^+ \rightarrow Fe^{2+} + H_2\uparrow + 2\,H_2O$
- *Reduktion*: Reaktion unter *Elektronenaufnahme* – ein Reduktionsmittel ist ein *Elektronenakzeptor*
Beispiel: Reduktion von Kupferionen durch elementares Eisen
$Fe \rightarrow Fe^{2+} + 2\,e^-$
$Cu^{2+} + 2\,e^- \rightarrow Cu$
Gesamtgleichung: $Cu^{2+} + Fe \rightarrow Cu + Fe^{2+}$

Wie auch Säure-Base-Reaktionen können Oxidation und Reduktion nur zusammen vorkommen – daher die Bezeichnung *Redoxreaktion*.

Der Begriff Wertigkeit oder Valenz wurde vielfach erweitert und in unterschiedlicher Form gebraucht. Zu unterscheiden sind die *stöchiometrische Wertigkeit*, die *Ionenwertigkeit* und die *elektrochemische Wertigkeit* oder *Oxidationszahl* eines Atoms innerhalb einer Verbindung.

Die stöchiometrische Wertigkeit wird zur Oxidationszahl, wenn man die ursprünglich vorzeichenlose stöchiometrische Wertigkeit durch ein positives bzw. negatives Vorzeichen ergänzt:

Kohlenstoffdioxid und Sulfat-Ionen

CO_2	C:	IV	SO_4^{2-}	S:	VI
	O:	$2 \cdot (-II)$		O:	$4 \cdot (-II)$
Summe: 0			-2		

Die Ionenwertigkeit lässt sich beispielsweise mithilfe von Eisen-Ionen darstellen:

$Fe^{2+} \leftrightarrows Fe^{3+} + e^-$

Eisen(II)-Ionen können ein Elektron *abgeben* und werden dabei zu Eisen(III)-Ionen oxidiert.

Eisen(III)-Ionen können ein Elektron *aufnehmen* und werden dabei zu Eisen(II)-Ionen reduziert (s. auch Kap. 6.7). Die Eigenschaft eines solchen Elementes nennt man *redoxamphoter* (in Analogie zum Begriff *amphoter* in der Säure-Base-Theorie).

Für die folgenden Versuche werden folgende Oxidations- bzw. Reduktionsmittel als Alltagsprodukte verwendet:

- *Iodlösung* (aus der Apotheke: Povidon),
- 0,2%ige Lösung von *Kaliumpermanganat* (in der Apotheke erhältlich),
- *sauerstofflieferndes Fleckenmittel* bzw. *Zahnprothesen-Reinigungsmittel* (mit Peroxoverbindung),
- *Ascorbinsäure* (Vitamin C),
- *Fleckenmittel mit Reduktionsmittel* (Dithionit).

6.2 Ascorbinsäure als Reduktionsmittel

Ascorbinsäure (Vitamin C) ist ein starkes Reduktionsmittel, das durch Oxidationsmittel zu Dehydroascorbinsäure oxidiert wird. Sie ist wie die Zucker Glucose bzw. Fructose (Hexosen) aus sechs Kohlenstoffatomen aufgebaut. Sie bildet farblose Kristalle, die in Form von Nadeln oder rechteckigen Platten entstehen, löst sich leicht in Wasser und ist eine relativ starke Säure (s. Tab. 2 in Kap. 2.2). In wässriger Lösung wird Ascorbinsäure langsam durch den Luftsauerstoff oxidiert. Die Oxidation hängt vom pH-Wert und von der Temperatur ab. Die Geschwindigkeit steigt sowohl mit zunehmendem pH-Wert als auch mit zunehmender Temperatur; bei Raumtemperatur sind wässrige (saure) Lösungen noch ziemlich stabil.

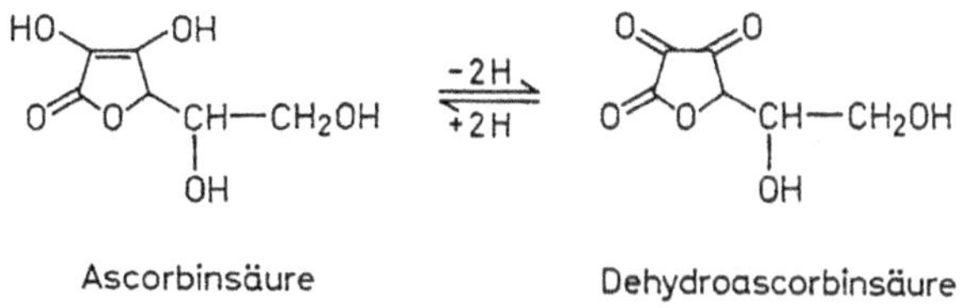

Abb. 10 Das Redoxgleichgewicht zwischen Ascorbinsäure und Dehydroascorbinsäure.

Versuch Nr. 42   Reduktion von Permanganat-Ionen

Materialien   0,2%ige Kaliumpermanganat-Lösung, Ascorbinsäure (fest, Vitamin C), Soda (Natriumcarbonat), Schnappdeckelgläser, Plastikpipette, kleiner Spatellöffel

Durchführung   Im ersten Teil des Versuches werden einigen Millilitern Kaliumpermanganat-Lösung in einem Glas einige Kristalle Ascorbinsäure hinzugefügt.

Im zweiten Teil des Versuches löst man zunächst einen kleinen Spatellöffel Ascorbinsäure in Wasser und fügt so viel Soda hinzu, dass keine Gasentwicklung mehr auftritt. Dann verdünnt man einige Milliliter der Kaliumpermanganat-Lösung mit Wasser, fügt einen Löffel Soda hinzu und tropft dann die neutralisierte Ascorbinsäure-Lösung hinzu.

Beobachtungen

Im ersten Teil erzielt man sofort nach dem Lösen der Ascorbinsäure-Kristalle in der rotviolett gefärbten Kaliumpermanganat-Lösung eine Entfärbung.

Im zweiten Teil tritt eine braungelbe Trübung bis Fällung beim Zutropfen der Ascorbat-Lösung auf.

Erläuterungen

In saurer Lösung (der Ascorbinsäure) werden die rotviolett gefärbten Permanganat-Ionen mit der Oxidationsstufe des Mangans +7 zu den farblosen Mangan(II)-Ionen reduziert:

$$MnO_4^- + 8\,H_3O^+ + 5\,e^- \rightarrow Mn^{2+} + 12\,H_2O$$

In der sodaalkalischen Lösung erfolgt nur eine Reduktion des Mangans bis zur Oxidationsstufe +4. Es bildet sich das braune Mangan(IV)-oxid, Braunstein genannt:

$$MnO_4^- + 2\,H_2O + 3\,e^- \rightarrow MnO_2 + 4\,OH^-$$

Aus Lösungen (beispielsweise in Glasflaschen) kann sich mit der Zeit auch ein dünner gelber Film auf der Glasoberfläche absetzen, der ebenfalls aus Braunstein besteht.

Die beschriebenen Reaktionen zählen zu den *grundlegenden Red-Ox-Reaktionen*.

Das Redox-System Ascorbinsäure/Dehydroascorbinsäure kann vereinfacht wie folgt in einer Gleichung dargestellt werden:

$$AscH_2 + 2\,H_2O \rightleftharpoons DHAsc + 2\,H_3O^+ + 2\,e^- \quad \text{(s. auch Abb. 10)}$$

Versuch Nr. 43 — Reduktion von Iod aus dem Verteilungsgleichgewicht Wasser/Benzin

Materialien
Iod-Lösung (Verteilung zwischen Wasser/Benzin) aus Versuch Nr. 40, Ascorbinsäure, Spatellöffel

Durchführung
Dem Glas mit der zwischen Wasser und Benzin verteilten Iodlösung fügt man einen kleinen Spatellöffel Ascorbinsäure hinzu und dreht das verschlossene Glas mehrmals um.

Beobachtungen
Zunächst verschwindet die gelbe Farbe in der wässrigen oder wässrig-ethanolischen Lösung. Nach mehrmaligen Umschwenken ist dann auch die rotviolette Benzinphase entfärbt.

Erläuterungen
Das Iod wird zum Iodid reduziert:

$$I_2 + 2\,e^- \rightarrow 2\,I^-$$

Der Versuch wird dadurch interessanter, dass bei der Reduktion auch der in Versuch Nr. 39 beschriebene Verteilungsvorgang mit eine Rolle spielt. Zunächst lösen sich Ascorbinsäurekristalle in der wässrigen Phase, das dort gelöste Iod wird reduziert. Beim Umschwenken des Glases verteilt sich dann das Iod aus der Benzinphase wieder zurück in wässrige Phase, wo es reduziert wird, bis alles Iod sich in Form von Iodid-Ionen in der wässrigen Phase befindet.

Versuch Nr. 44 — Reduktion von Iod aus dem Iod-Stärke-Komplex

Materialien
Kartoffelmehl (Stärke), Ascorbinsäure, Iodlösung, Schnappdeckelgläser, Spatellöffel

Durchführung
Ein kleiner Spatellöffel Stärke wird in ca. 10 mL Wasser suspendiert. Dann fügt man einen Tropfen der Iodlösung hinzu und schüttelt kurz um. Von der Ascorbinsäure werden 1–2 Spatellöffel in der wässrigen Suspension gelöst.

Beobachtungen
Die intensive blaue Färbung des Iod-Stärke-Komplexes verschwindet nach dem Lösen der Ascorbinsäure sofort.

Oxidation und Reduktion

Erläuterungen Die im vorhergehenden Versuch beschriebene Reduktion des Iods findet auch aus dem Iod-Stärke-Komplex statt und ist wegen der hohen Empfindlichkeit der Reaktion auch bei geringen Iodmengen gut erkennbar (s. dazu auch Versuch Nr. 3 in Kap. 1.1 und dort das historische Experiment nach *Stöckhardts* »Schule der Chemie«).

Versuch Nr. 45 Reduktion von Silber-Ionen

Materialien Silbernitrat-Lösung aus Versuch Nr. 33, Schnappdeckelglas, Plastikpipette, Ascorbinsäure, Spatellöffel, entmin. Wasser

Durchführung Einige Tropfen der Silbernitrat-Lösung werden mit entmineralisiertem Wasser verdünnt. Dann fügt man einen kleinen Spatellöffel Ascorbinsäure hinzu.

Beobachtungen Die Lösung nimmt eine schwarze Färbung an und trübt sich ein.

Erläuterungen Silber-Ionen werden zu elementarem, fein verteiltem (daher schwarz erscheinendem) Silber reduziert.

Versuch Nr. 46 Disproportionierung von Iod in sodaalkalischer Lösung

Materialien Kartoffelmehl (Stärke), Soda (Natriumcarbonat), Iodlösung, Schnappdeckelgläser, Spatellöffel

Durchführung Zunächst wird der erste Schritt des vorhergehenden Versuches – die Iod-Stärke-Bildung – durchgeführt. Dan löst man 2–3 kleine Spatellöffel Soda.

Beobachtungen Die intensive Blaufärbung verschwindet fast (!) völlig.

Erläuterungen Es findet eine sogenannte *Disproportionierung* des Iod-Moleküls statt, die man auch als innere (intramolekulare) Redoxreaktion bezeichnen kann (Reduktionen durch ein Reduktionsmittel können daher nur in neutralen oder sauren Lösungen durchgeführt werden):

$$2\,I_2 + 2\,OH^- \leftrightarrows 3\,I^- + IO^- + H_2O$$

Die Oxidationsstufe des Iods (±0) ändert sich im Iodid zu −1 und im Hypoiodid zu +3.
(Die Anwendung des im nächsten Abschnitt eingesetzten sodaalkalischen, reduzierend wirkenden Fleckenmittels würde demnach zu nicht eindeutigen Ergebnissen führen.)

Als *Disproportionierung* wird eine Reaktion bezeichnet, in der ein Element (oder eine Elementverbindung) mittlerer Oxidationsstufe (hier ± 0) so reagiert, dass Produkte höherer (hier +3) und niedrigerer Oxidationsstufe (hier −1) entstehen.

6.3 Reduzierende Fleckenreiniger mit Dithionit

In der *dithionigen Säure* – Dischwefel(III)-säure – mit der Summenformel $H_2S_2O_4$ weist der Schwefel die Oxidationsstufe +3 auf. Zink- oder Natriumsalze werden durch Reduktion der schwefligen Säure mit Zinkstaub bzw. Natriumamalgam gewonnen:

$$2\,H_2SO_3 + 2\,Na \rightarrow Na_2S_2O_4 + 2\,H_2O$$

Es findet eine Reduktion des Schwefels von der Oxidationsstufe +4 in der schwefligen Säure zu +3 in der dithionigen Säure statt.

Fleckenmittel (Entfärber) mit Dithionit eignen sich auch experimentell besonders gut für eine *vertiefende Chemie* sowohl der *Redoxvorgänge* als auch speziell der *Chemie des Schwefels*.

Aus der wässrigen Lösung kann das Natriumdithionit mit Natriumchlorid als Dihydrat ausgesalzen und mithilfe von Alkohol entwässert werden. Nur trockenes (wasserfreies) Dithionit ist einigermaßen beständig. Dithionite sind relativ starke Reduktionsmittel. Das Normalpotenzial von Dithionit bei der Oxidation zu Sulfit, verbunden mit der Abgabe von zwei Elektronen, beträgt in einer alkalischen Lösung −1,4 V (Vergleich zum Sulfit-Ion mit −0,93 V).

$$S_2O_4^{2-} + 4\,OH^- \leftrightarrows 2\,SO_3^{2-} + 2\,H_2O + 2\,e^-$$

Für den Zerfall unter alkalischen Reaktionsbedingungen – in den Entfärbersalzen ist Soda, also Natriumcarbonat enthalten – lassen sich zwei unterschiedliche Gleichungen aufstellen:

a) schwach alkalische Lösung:

$2\ Na_2S_2O_4 + H_2O \rightarrow Na_2S_2O_3 + 2\ NaHSO_3$ (Natriumthiosulfat und Natriumhydrogensulfit)

Die Oxidationsstufen des Schwefels sind im Thiosulfat +2 und im Sulfit +4 (Bilanzierung: $(2 \cdot 2 \cdot 3) = (2 \cdot 2 + 2 \cdot 4) = 12$).

b) stark alkalische Lösung:

$3\ S_2O_4^{2-} + 6\ OH^- \rightarrow 5\ SO_3^{2-} + S^{2-} + 3\ H_2O$

Die Oxidationsstufen des Schwefels sind im Sulfit +4 und im Sulfid −2 (Bilanzierung: $(3 \cdot 2 \cdot 3) = (5 \cdot 4 - 2) = 18$).

Um Dithionit in Alltagsprodukten wie den Entfärbern zu stabilisieren, nutzt man die Reaktion mit Methanal (Formaldehyd). Dabei werden Dithionit-Ionen in Hydroxymethansulfinat- und Hydroxymethansulfonat-Ionen umgewandelt, von denen aber nur das *Hydroxymethansulfinat*-Ion reduktiv wirkt:

$S_2O_4^{2-} + 2\ HCHO + H_2O \rightarrow HOCH_2SO_2^- + HOCH_2SO_3^-$

Bei der Oxidation wird das Sulfinat-Ion (Schwefel +2) zum Sulfat-Ion oxidiert, vier Elektronen und Methanal werden dabei freigesetzt:

$HOCH_2SO_2^- + 7\ H_2O \rightarrow SO_4^{2-} + HCHO + 5\ H_3O^+ + 4\ e^-$

(Bilanzierung: $+2$ (Sulfinat) $= (+6) + 4 \cdot (-1) = +2$)

Versuch Nr. 47 — Reduktion von Permanganat-Ionen durch Dithionit im Entfärber

Materialien 0,2 %ige Kaliumpermanganat-Lösung, reduzierender Entfärber (Kalt- oder Universalentfäber mit Dithionit), Soda, zwei Schnappdeckelgläser, Spatellöffel, Plastikpipette

Durchführung In die zwei Gläser werden gleiche Volumina an Kaliumpermanganat-Lösung gefüllt. Dem einen Glas fügt man einen Spatellöffel Soda, dem anderen die gleiche Menge an Entfärber hinzu.

Beobachtungen	Die Lösung mit Soda bleibt unverändert rotviolett gefärbt, die Lösung mit dem Entfärber verändert ihre Farbe nach gelbbraun (Trübung).
Erläuterungen	Permanganat-Ionen werden in der sodaalkalischen Lösung durch Dithionit (als Sulfinat – s. o.) zum Braunstein, Mangan(IV)-oxidhydrat, reduziert:

$$MnO_4^- + 2\,H_2O + 3\,e^- \rightarrow MnO_2 + 4\,OH^- \;|\cdot 4$$
$$HOCH_2SO_2^- + 7\,H_2O \rightarrow SO_4^{2-} + HCHO + 5\,H_3O^+ + 4\,e^- \;|\cdot 3$$
$$\overline{4\,MnO_4^- + 3\,HOCH_2SO_2^- + 29\,H_2O \rightarrow 4\,MnO_2 + 3\,SO_4^{2-} + 3\,HCHO + 15\,H_3O^+ + 16\,OH^-}$$

Aus 15 H_3O^+ und 16 OH^- werden 30 H_2O und OH^-, sodass die obige Gleichung lautet (von den 30 Wassermolekülen rechts werden außerdem die 29 Wassermoleküle links subtrahiert):

$$4\,MnO_4^- + 3\,HOCH_2SO_2^- \rightarrow 4\,MnO_2\downarrow + 3\,SO_4^{2-} + 3\,HCHO + OH^- + H_2O$$

Versuch Nr. 48 Entfärben von Indigokarmin

Materialien	Indigokarmin (aus einer Ostereierfarben-Tablette), Kaltentfärber, reduzierend (mit Dithionit), Schnappdeckelglas, Spatellöffel, saugfähiges Papier
Durchführung	Eine geringe Menge (»Krümel«) der Tablette wird in Wasser zu einer intensiv blauen Lösung aufgelöst. Dann fügt man einen kleinen Spatellöffel Entfärber hinzu und rührt um. Ändert sich die Farbe nach einigen Sekunden nicht, so wird nochmals die gleiche (geringe) Menge an Entfärber gelöst.
Beobachtungen	Die intensiv blaue Farbe schlägt nach dem Lösen des Entfärbers nach Hellgelb um. Beim Stehenlassen die Lösung kann an der Wasseroberfläche langsam wieder ein blaugrüner Rand entstehen. Taucht man saugfähiges Papier in die »entfärbte« Lösung und schwenkt das gelblich gefärbte Papier dann an der Luft, so lässt sich auch hier die blaue Farbe wieder feststellen.

Oxidation und Reduktion

Erläuterungen

Indigokarmin ist das Dinatriumsalz der Indigo-5,5'-disulfonsäure (Indigotin I: E 132). *Indigo* selbst ist nicht sulfoniert und daher auch nicht wasserlöslich (früher ebenfalls als Indigotin bezeichnet). Für die färbetechnische Anwendung muss Indigo daher in eine wasserlösliche Form umgewandelt werden. Das geschieht durch die Reduktion (technisch *Verküpung* genannt) mit Natriumdithionit (der *Hydrosulfitküpe*) in alkalischer Lösung zu *Leukoindigo* (auch Indigweiß genannt). Durch den Luftsauerstoff wird Leukindigo wieder zum Indigo oxidiert.

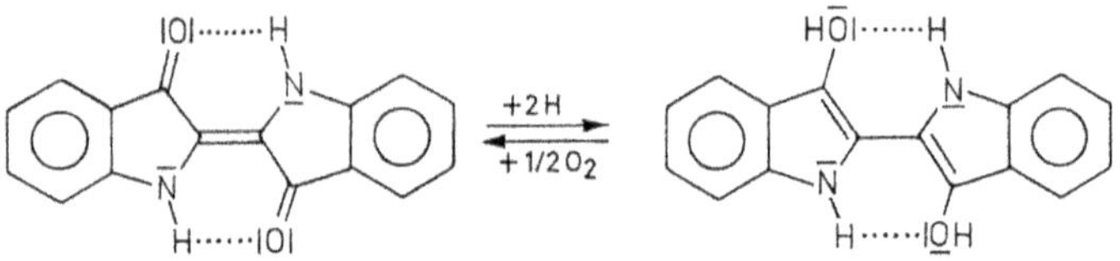

Abb. 11 Gleichgewicht zwischen Indigo und Leukindigo: Verküpung (Reduktion) des Indigos mit Natriumdithionit (Hydrosulfitküpe) in alkalischer Lösung zu Leukindigo. (*Leukobase* oder *Leukoverbindung*: in der Farbstoffchemie Jargonbezeichnung für die farblosen bzw. schwach gefärbten Reduktionsprodukte der (Küpen-)Farbstoffe.)

Versuch Nr. 49 Reduktion von Silber-Ionen mit Dithionit

Materialien

Silbernitrat-Lösung aus Versuch Nr. 33, Universal-Entfärber, Spatellöffel, Schnappdeckelglas, Plastikpipette, entmin. Wasser

Durchführung

Einige Tropfen der Silbernitrat-Lösung werden im Schnappdeckelglas mit entmineralisiertem Wasser verdünnt. Dann fügt man einen kleinen Spatellöffel Universal-Entfärber hinzu.

Beobachtung

Es entsteht sofort eine schwarze Trübung.

Erläuterungen

Bei der Reduktion der Silber-Ionen durch Dithionit entsteht kolloidal im Wasser verteiltes Silber.

$$S_2O_4^{2-} + 6\ Ag^+ + 12\ H_2O \rightarrow 6\ Ag\downarrow + 2\ SO_4^{2-} + 8\ H_3O^+$$

6.4 Reduktionen mit Wasserstoff

Wasserstoff als Reduktionsmittel kann mithilfe von Zink sowohl aus Säuren (s. Versuch Nr. 9) als auch Basen freigesetzt werden. Zink als Element (Metall) verhält sich *amphoter*, sein Hydroxid kann sich sowohl als Base als auch Säure, je nach Partner, verhalten.

$$Zn + 2\ H_3O^+ \rightarrow Zn^{2+} + 2\ H_2O + H_2\uparrow$$
$$Zn + OH^- + 2\ H_2O \rightarrow [Zn(OH)_3]^- + H_2\uparrow$$

Das zunächst gebildete Zinkhydroxid löst sich im Überschuss der Hydroxid-Ionen in Form eines Hydroxykomplexes auf.

Der Wasserstoff zum Zeitpunkt der Entstehung, bevor er das recht »träge« Molekül bildet, wird als *nascierender*, besonders reaktiver Wasserstoff (H_{nasc}) bezeichnet. Er liegt als Atom bzw. in einem angeregten, energiereichen Zustand vor. Molekularer Wasserstoff kann nur mithilfe von Katalysatoren für Reduktionen eingesetzt werden.

In den folgenden Versuchen werden beide Wege zur Bildung von Wasserstoff (im sauren bzw. alkalischen Milieu) demonstriert.

Versuch Nr. 50 — Reduktion von Permanganat-Ionen

Materialien Kaliumpermanganat-Lösung, Büroklammer (verzinkt), Schnellentkalker, kleines Becherglas, Plastikpipette, Spatellöffel, Heizplatte

Durchführung Im Becherglas werden einige Milliliter Kaliumpermanganat-Lösung etwas verdünnt. Darin löst man einen Spatellöffel Schnellentkalker und fügt eine Büroklammer hinzu. Der Inhalt des Becherglases wird auf der Heizplatte schwach erwärmt.

Beobachtungen Beim Erwärmen bilden sich vermehrt Glasblasen und die Lösung wird relativ rasch entfärbt.

Erläuterungen Der aus der Reaktion von Zink und Säuren freigesetzte Wasserstoff (s. o.) reduziert das Permanganat-Ion in saurer Lösung zum farblosen Mangan(II)-Ion (wird dabei zu H^+ oxidiert, gibt somit je ein Elektron ab, und nimmt den Sauerstoff aus dem Permanganat-Ion auf):

$$2\ MnO_4^- + 6\ H_3O^+ + 10\ [H]_{nasc} \rightarrow 2Mn^{2+} + 14\ H_2O$$

112 Oxidation und Reduktion

Versuch Nr. 51 Reduktion von Indigoblau

Materialien Indigokarmin (s. Versuch Nr. 48), Büroklammer, Natriumhydroxid aus einem Rohrreiniger, Schnappdeckelglas

Durchführung Indigokarmin-Lösung im Schnappdeckelglas wird mit 3–4 Kügelchen aus dem Rohrreiniger und einer Büroklammer versetzt.

Beobachtungen Nach kurzer Reaktionsdauer färbt sich die blaue Lösung zunächst grün und dann hellgelb.

Erläuterungen Es laufen die gleichen Reaktionen wie mit dem Dithionit im Versuch Nr. 47 ab, nur wirkt hier der *nascierende Wasserstoff* als Reduktionsmittel.
(In saurer Lösung, wie im Versuch Nr. 47 mit den Permanganat-Ionen, erfolgt keine Reduktion – auch nicht beim Erwärmen!)

6.5 Oxidationen mit Sauerstoff

Zahnprothesen-Reinigungsmittel enthalten u. a. als antimikrobielle Zusätze *Peroxo-Verbindungen*, die infolge der Bildung von »aktivem Sauerstoff« nicht nur antibakteriell wirken, sondern auch Verfärbungen beseitigen können. Es werden vor allem Perborate, Persulfate und Percarbonate sowie auch organische Peroxysäuren wie der Peroxyessigsäure verwendet, die bei der Reaktion von N,N,N,N-Tetraacetylethylendiamin (TAED) mit Percarbonaten im alkalischen Bereich entsteht. Solche Per-Verbindungen sind weiterhin in Fleckensalzen und in Waschmitteln enthalten.

Abb. 12 Historische Werbung für ein Waschmittel mit einer Peroxo-Verbindung, »Ozonit« genannt (Thompson-Sammelbild um 1902).

Mithilfe des englischen Chemikers Richard Thompson stellte der deutsche Chemiker Ernst Sieglin 1877 in Aachen seifenhaltiges Waschpulver her, das er als »Dr. Thompson's Seifenpulver Marke Schwan« vermarktete. 1880 erhielt Sieglin von Thompson das alleinige Vertriebsrecht für Deutschland, Belgien und die Niederlande. 1969 erfolgte die Fusion der Thompson Werke mit den Siegel Werken, 1971 die Übernahme durch die Firma Henkel.

Versuch Nr. 52   Oxidation von Mangan(II)-Ionen

Materialien   0,2%ige Kaliumpermanganat-Lösung, 2%ige Ascorbinsäure-Lösung, Schnappdeckelgläser, Plastikpipette, Löffel, Fleckenmittel (mit Percarbonat) oder Zahnprothesen-Reiniger (Reinigungstabletten mit Peroxosulfat)

Durchführung   Einige Milliliter der Kaliumpermanganat-Lösung werden durch tropfenweise Zugabe der Ascorbinsäure-Lösung entfärbt. Dann fügt man einen kleinen Löffel Fleckenmittel bzw. ein Viertel bis eine Hälfte der Reinigungstablette hinzu und löst durch Umrühren.

Beobachtungen   Es tritt eine Gasentwicklung auf, nach und nach bildet sich ein braunschwarzer Niederschlag.

Erläuterungen   Bei den als Percarbonat bezeichneten Substanzen handelt es sich um Wasserstoffperoxid-Addukte – beispielsweise um $Na_2CO_3 \cdot {}^1/_2\, H_2O_2$. TAED wirkt als Bleichaktivator, der in wässriger Lösung mit dem Wasserstoffperoxid aus dem Percarbonat die Peroxyessigsäure bildet ($CH_3-C(=O)-OOH$). Das Peracetat-Ion (in sodaalkalischer Lösung) ist ein deutlich stärkeres Oxidationsmittel als Wasserstoffperoxid und das Natriumpercarbonat ist stabiler als Wasserstoffperoxid. Das *Peroxomonosulfat* (SO_5^{2-}: $-O-SO_2-O-O^-$ – Peroxogruppe: $-O-O-$) hydrolysiert zu Wasserstoffperoxid und Sulfat:

$$^-O-SO_2-O-O^- + H_2O \rightarrow H_2O_2 + SO_4^{2-}$$

Mangan(II)-Ionen, die infolge der Reduktion mit Ascorbinsäure entstanden sind (s. Versuch Nr. 42), werden zum Mangan(IV)-oxid (Mangandioxid) oxidiert:

Oxidation und Reduktion

$$Mn^{2+} + H_2O_2 + 2\ OH^- \rightarrow MnO(OH)_2\downarrow + H_2O$$

Die allgemeine Gleichung für die Oxidation durch Wasserstoffperoxid in alkalischer Lösung lautet:

$$H_2O_2 + 2\ OH^- \rightarrow 2\ H_2O + O_2 + 2\ e^-$$

Versuch Nr. 53 — Oxidation von Eisen(II)-Ionen

Materialien — Eisen(II)-salz-Lösung (hergestellt aus einer Eisen(III)-salz-Lösung durch Erwärmen mit Eisenpulver, s. auch Kap. 6.7), Fleckenmittel (mit Percarbonat), Schnappdeckelgläser, Löffel

Durchführung — Zu einigen Millilitern einer farblosen Eisen(II)-Salzlösung fügt man einen kleinen Löffel Fleckenmittel und löst durch Umrühren.

Beobachtungen — Es bildet sich ein rotbrauner Niederschlag.

Erläuterungen — Eisen(II)-Ionen werden durch Wasserstoffperoxid in sodaalkalischer Lösung zum Eisen(III)-hydroxid oxidiert:

$$2\ Fe^{2+} + H_2O_2 + 4\ OH^- \rightarrow 2\ FeO(OH) + 2\ H_2O$$

Versuch Nr. 54 — Oxidation des *Indigo-Küpenfarbstoffes*

Materialien — Lösung aus Versuch Nr. 48, Fleckenmittel oxidierend, Schnappdeckelglas, kleiner Löffel

Durchführung — Die gelbe gefärbte Lösung aus Versuch Nr. 48 wird mit einem kleinen Löffel oxidierendem Fleckenmittel versetzt.

Beobachtung — Die Lösung färbt sich nach kurzer Reaktionszeit wieder blau.

Erläuterung — Aus dem Küpenfarbstoff in Versuch Nr. 48 (s. auch Versuch Nr. 46) ist infolge der reversiblen Reaktion wieder der Farbstoff Indigokarmin entstanden.

6.6 Chlor als Oxidationsmittel

Chlor als Oxidationsmittel in WC-Reinigern, entweder als Hygiene-Reiniger oder auch als Abflussrohrreiniger bezeichnet, enthalten Chlor in einer alkalischen Lösung. Entweder ist auf dem Etikett die Angabe »Bleichmittel auf Chlorbasis« oder auch der Hinweis »Enthält Natriumdichlorisocyanurat« verzeichnet. Stets muss darauf hingewiesen werden, dass das Produkt nicht mit Säuren in Kontakt gebracht werden darf. Hinter diesen Angaben verbirgt sich folgende Chemie.

Chlor als Element ist bei Raumtemperatur gasförmig. Es gehört zur Gruppe der *Halogene* (wie Fluor, Brom und Iod). 1774 wurde es von *Scheele* bei der Umsetzung von Braunstein mit konzentrierter Salzsäure entdeckt.

Im *Brockhaus* von 1837 ist zu lesen:

> **Chlor** (das), ein höchst merkwürdiger, luftförmiger, einfacher Körper oder ein Element, hat seinen vom Griechischen entlehnten Namen wegen seiner gelbgrünlichen Farbe erhalten und wurde 1774 von dem schwed. Chemiker Scheele entdeckt. Man hielt es jedoch für zusammengesetzter Beschaffenheit, bis engl. und franz. Chemiker 1809 und 1810 die wahre Natur dieses für die Gewerbsthätigkeit immer wichtiger werdenden Körpers erkennen lehrten, der sehr häufig, allein stets in gebundenem Zustande vorhanden und am reichlichsten im Kochsalze und in den salzsauren Salzen überhaupt enthalten ist. Das Chlor besitzt einen durchdringenden Geruch und reizt schon beim Einathmen in geringer Menge die Schleimhaut von Mund und Nase so heftig, daß Husten und Schnupfen entstehen, in größerer aber bewirkt es Athmungsbeschwerden, welche sich bis zur Ohnmacht und Tod steigen können. Dem 1816 verstorbenen franz. Chemiker Guyton-Morveau verdankt man die Entdeckung der Eigenschaft des Chlors, Krankheitsstoffe, sogenannten Miasmen und alle schädlichen oder übelriechenden Dünste zu zerstören, mit denen die Luft, Wohnungen und andere Räume, Kleider, Waaren u. s. w. verunreinigt sind. Man entwickelt es zu dem Ende aus einem bestimmten Gemenge von Kochsalz und Braunstein, welches auf einer irdenen Schale ausgebreitet und mit durch Wasser verdünnter Schwefelsäure benetzt wird. Für ein gewöhnliches Wohnzimmer sind gegen vier Loth des obigen in den Apotheken als Guyton-Morveau'sche Räucherung bekannten Gemenges und zur Benetzung desselben zwei Loth Schwefelsäure hinreichend, vor der Anwendung

desselben müssen aber Menschen, metallene Gegenstände, Gemälde und bunte Zeuche entfernt werden, letztere weil Chlor Metalle und die meisten Farben verdirbt und zerstört. Nachdem der zu reinigende Raum ungefähr 24 Stunden verschlossen gewesen, wird er dem allgemeinen Zutritt der Luft geöffnet, bis der Chlorgeruch sich größtentheils verloren hat. In neuerer Zeit hat man jedoch gefunden, daß Chlorkalk dieselbe Dienste leistet, während er weder den unerträglichen Geruch des Chlors noch die nachtheiligen Wirkungen desselben auf die Athmungswerkzeuge äußert. Der Chlorkalk, ein weißes nach Chlor riechendes Pulver, wird fabrikmäßig bereitet, indem man Chlor in große Behälter leitet, worin gelöschter Kalk auf Horden ausgebreitet liegt, und ist ebenfalls in den Apotheken zu bekommen, muß aber in für Luft und Licht unzugänglichen Gefäßen verwahrt werden, weil er durch beide zersetzt wird. Seiner milden Wirkung wegen taugt er vorzüglich zur Luftreinigung in Räumen, wo fortwährend Menschen verweilen, wird dabei auf flachen irdenen Gefäßen ausgebreitet und dann und wann mit Wasser oder Essig benetzt, muß aber alle vier bis sechs Tage durch frischen ersetzt werden. Es versteht sich, daß man ihn sogleich entfernt, wenn die Anwesenden sich im Geringsten dadurch belästigt fühlen.

Diesen *historischen Text* wird der Leser des 21. Jahrhunderts sicher mit einigem Schmunzeln gelesen haben. Bevor der zweite Teil des Lexikonartikels aus dem Jahr 1837 zitiert werden soll, lassen sich jedoch anhand des Textes die heute bekannten wichtigsten Eigenschaften beschreiben.

Die genannte Bildung des Chlors erfolgt nach folgender Gleichung:

$$MnO_2 + 4\,H_3O^+ + 2\,Cl^- \rightarrow Cl_2\uparrow + Mn^{2+} + 6\,H_2O$$

Mit *Chlorkalk* bezeichnet man das Salz Calciumchlorid-hypochlorit CaCl(OCl).

Das Hypochlorit entsteht beim Einleiten von Chlorgas in Kalkwasser, also in Calciumhydroxid. Die Reaktion als *Disproportionierung* entspricht der des Iods in alkalischer Lösung (s. Versuch Nr. 43):

$$OH^- + Cl_2 + H_2O \rightarrow Cl^- + OCl^- + H_3O^+$$

Das Chlor disproportioniert in das Chlorid-Ion (Oxidationsstufe −1) und das Hypochlorit-Ion (Oxidationsstufe Chlor +1; Sauerstoff −2).

Der folgende Text aus dem *Brockhaus* beschäftigt sich mit einer weiteren Anwendung des Chlors:

> Bei Anwesenheit von Wasser bleicht das Chlor alle Pflanzenfarben, Kohle ausgenommen, und diese Eigenschaft wurde zuerst von dem franz. Chemiker Claude Louis, Grafen von Berthollet, gest. 1822, zur Beschleunigung des Bleichens der Leinwand benutzt, indem er aus dem im Wasser leicht auflöslichen Chlor ein gegenwärtig in großer Ausdehnung angewandtes, sehr schnell wirkendes Bleichmittel bereitete, was man jetzt auch durch Auflösung von Chlorkalk in Wasser erhält. Der Umstand, daß der Kohlenstoff durch Chlor nicht entfärbt wird, macht es besonders geeignet zur Reinigung alter Kupferstiche und Bücher, ohne Beschädigung des Druckes befürchten zu müssen, und eine durch Chlor unauflösliche Tinte für wichtige Urkunden muß daher auch Kohlenstoff enthalten. In vieler Beziehung zeigt sich das Chlor dem Sauerstoff ähnlich, ist in zahlreichen Fällen gleich diesem ein kräftiges Unterhaltungsmittel des Verbrennens und geht daher mit den verbrannten Körpern auch Verbindungen ein, welche denen des Sauerstoffs oder den Oxyden einigermaßen ähnlich sind...

Ersetzt man die Bezeichnung *kräftige Unterhaltungsmittel des Verbrennens* durch *starkes Oxidationsmittel*, so ist Chlor auch heute noch richtig in seiner Wirkung beschrieben.

J. A. Stöckhardt beschreibt in seiner »Schule der Chemie« (1858) die Eigenschaften des *Chlorwassers* wie folgt:

> Stellt man dasselbe (...) in die Sonne, so sammelt sich in dem oberen Theile des Gläschens eine farblose Luftart an, in der sich ein glimmender Holzspahn entzündet; diese Luftart ist Sauerstoff. Nach einigen Tagen hat das Wasser den Chlorgeruch verloren, es schmeckt sauer, und hineingehaltenes blaues Lackmuspapier wird nicht mehr weiß, sondern roth. Es waren nur drei Elemente vorhanden: die Bestandtheile des Wassers und Chlor; es ist klar, das Chlor hat sich mit dem Wasserstoff des Wassers zu Salzsäure ver-

> bunden, der Sauerstoff des Wassers aber ist frei geworden. Das Chlor hatte hier die Wahl zwischen dem Wasserstoff und dem Sauerstoff des Wassers; es wählte den ersteren, woraus erhellt, daß es eine größere Verwandtschaft zum Wasserstoff als zum Sauerstoff besitzt. Dieser Vorgang ist wieder ein Beispiel einer einfachen Wahlverwandtschaft... [s. Kap. 1.1 zur chemischen Affinität]

Bei *Stöckhardt* folgt dann ein Versuch mit Chlorwasser, den wir leicht nachvollziehen können:

> In einem Probirgläschen löse man ein wenig Eisenvitriol (schwefelsaures Eisenoxydul) in Wasser auf und versetze die Auflösung mit einigen Tropfen Schwefelsäure, sodann mit etwas Chlorwasser: sie wird alsbald eine gelbe Farbe annehmen. Auch hierbei wird Wasser zersetzt; der Wasserstoff geht an's Chlor, der Sauerstoff aber wird nicht frei, da er einen Körper antrifft, der zwar schon Sauerstoff hat, aber noch mehr davon aufnehmen kann, nämlich das Eisenoxydul. Dieses wird höher oxydirt, und die gelbe Flüssigkeit enthält nun schwefelsaures Eisenoxyd. Man hat also in dem Chlorwasser ein starkes Oxydationsmittel, durch welches man leicht aus Oxydulsalzen Oxydsalze machen kann.

(*Oxydul* steht für Eisen(II)-salz, *Oxydsalz* für Eisen(III)-salz.)

Versuch Nr. 55 Oxidation von Eisen(II)-Ionen

Materialien Eisen(II)-Salzlösung, Chlorreiniger, Plastikpipette, Schnappdeckelglas

Durchführung Die nur schwach gefärbte Eisen(II)-Salzlösung wird mit einigen Tropfen des Chlorreinigers versetzt.

Beobachtungen Es bildet sich ein rotbrauner Niederschlag.

Erläuterungen In den *Chlorreinigern* wird häufig am Stickstoff chlorierte Isocyanursäure (s. Abb. 13) eingesetzt, aus der sogenanntes aktives Chlor (ähn-

Abb. 13 Formel-Darstellung für die Oxidation von Eisen(II)-sulfat mit Chlorwasser. Aus Stöckhardts *Die Schule der Chemie* (10. Aufl. 1858).

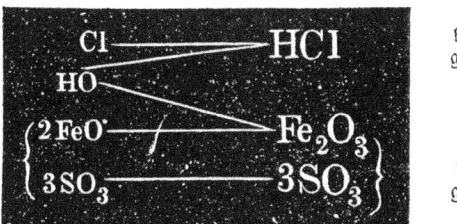

lich wie bei der Entstehung von Wasserstoff aus Säuren und unedlen Metallen zunächst als Chloratom) freigesetzt wird.

»Bleichmittel auf Chlorbasis« setzen aus den am Stickstoff chlorierten Isocyanursäuren Chlor frei, das in alkalischer Lösung zu Chlorid und Hypochlorit bzw. der hypochlorigen Säure HOCl (dem eigentlichen oxidierenden Agens) disproportioniert:

$Cl_2 + OH^- \rightarrow Cl^- + HOCl$

Die Eisen(II)-Ionen werden durch die hypochlorige Säure (Chlor mit der Oxidationsstufe +1) oxidiert, in alkalischer Lösung zum Eisen(III)-hydroxid:

$OCl^- + 2\,Fe^{2+} + 4\,OH^- \rightarrow 2\,FeO(OH) + Cl^- + H_2O$

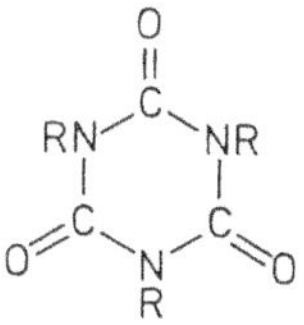

Abb. 14 Grundstruktur der am Stickstoff chlorierten Isocyanursäuren (1,3,5-Triazin-2,4,6-(1*H*,3*H*,5*H*)-trion). R = Cl.

Versuch Nr. 56 Oxidation von Mangan(II)-Ionen

Materialien Mangan(II)-Lösung aus Versuch Nr. 52, Schnappdeckelglas, Chlorreiniger, Plastikpipette

Durchführung Die Lösung aus Versuch Nr. 52 wird mit einigen Tropfen des Chlorreinigers versetzt.

Beobachtung Es bildet sich ein braun-schwarzer Niederschlag.

Erläuterungen　　Die Mangan(II)-Ionen werden wie in Versuch Nr. 52 durch das Hypochlorit oxidiert. Es entsteht Braunstein.

$$OCl^- + Mn^{2+} + 2\,OH^- \rightarrow MnO(OH)_2 + Cl^-$$
$$\text{oder } OCl^- + Mn^{2+} + 2\,OH^- \rightarrow MnO_2 + Cl^- + H_2O$$

Historischer Exkurs: Vom Chlorkalk zum Persil

(Zitate aus: Lassar-Cohn, *Die Chemie im täglichen Leben*, 11. Aufl., 1925.)
Der Text führt – im Unterschied zu dem bereits aus dem »Brockhaus« zitierten Abschnitt zum Chlor – vom Chlorkalk, vor allem dessen Anwendung in Fabriken, bis zum Perborat in Henkels Waschmittel *Persil*:

> Das hauptsächlichste Bleichmittel ist der Chlorkalk. Der wirksame Bestandteil im Chlorkalk ist das Chlor, ein im freien Zustande gelbes Gas, das ein außerordentliches Bestreben hat, sich mit anderen Stoffen zu vereinigen. Infolge seiner kräftigen Wirkung auf die verschiedenartigsten Stoffe zerstört es auch die meisten Farben, die dem Pflanzen- oder Tierreiche entstammen. Nun ist mit Gasen im Fabrikbetrieb schlecht arbeiten, und so bedient man sich zum Bleichen zumeist nicht des Chlorgases selbst, sondern jener Verbindung, die es mit Kalk eingeht, wenn über diesen geleitet wird. Diese führt den Namen Chlorkalk und ist zuerst von **Tennant** in Glasgow hergestellt worden. 1000 Kilogramm kosteten anfangs 2800 Mark, 1825 kosteten sie nur noch 540 und im Jahre 1900 etwa 110 Mark. Rührt man Chlorkalk mit Wasser an, so setzen sich beim Stehen unlösliche Teile zu Boden, über welchen schließlich die klare Chlorkalklösung steht.

Beim Chlorkalk handelt es sich um das Calciumchlorid-hypochlorit mit der ungefähren Zusammensetzung [3 CaCl(OCl) · Ca(OH)$_2$] · 5 H$_2$O. Durch das Kohlenstoffdioxid in feuchter Luft wird Chlor freigesetzt, wobei sich schwer lösliches Calciumcarbonat bildet. Die Herstellung erfolgt durch Überleiten von Chlor in pulverigen, gelöschten Kalk (Calciumhydroxid). Charles *Tennant* (1768–1838) führt in seiner Bleicherei in Darnley/England die von Claude Louis Comte *Berthollet* (1748–1822) entwickelte Chlorbleiche ein, indem er dessen Lösung von Chlor in Pottasche (*Eau de Javelle*, 1792, Bleicherei am Quai de Javelle in Paris) 1797 durch eine Lösung von Chlor in Kalkmilch, später als trockenes Bleichpulver = Chlorkalk, ersetzt (1798 veröffentlicht).

> Die bleichende Wirkung des Chlorkalks oder, wie wir richtiger sagen
> müssen, seine chemische Energie zerstört nun in kürzester Zeit die
> (...) schwachgelbe Färbung weißer Leinen- oder Baumwollgewebe
> ebenso vollkommen wie die Rasenbleiche. Aber damit erschöpft
> sich die Kraft des Chlorkalks nicht. Nach der Zerstörung der Farbe
> kommt die Zerstörung der Faser, die er ebenfalls angreift. Daher hat
> sich dieses Bleichen bei den Hausfrauen nie einführen können.

Die *Rasenbleiche* wurde bis in die 1970 er Jahre praktiziert. Haushaltswäsche wurde auf speziellen Rasenplätzen oder dem Bleichanger getrocknet. Unter den Wäschepfählen auf dem Rasen fand eine photokatalytische Bleiche, mit Chlorophyll als Katalysator, statt. Ozon bzw. Singulett-Sauerstoff war hier das eigentliche Bleich- und Oxidationsmittel. Beim *Leinen* wurde durch die Chlorbleiche auch das Lignin, als farbiger Faserleim bezeichnet, entfernt, um »feines Leinen« im Vergleich zum »bäuerlichen Leinen« produzieren zu können.

> In den Fabriken liegen die Verhältnisse ganz anders. Sobald die
> Stoffe gebleicht sind, wird der Überschuß des Chlors mit Antichlor
> unwirksam gemacht, und so geschieht dort der Faser durch die
> Kunstbleiche nicht das Geringste. Als Antichlor können sehr ver-
> schiedene chemische Stoffe dienen. Zumeist nimmt man unter-
> schwefeliges Natron. Dies Salz tut an und für sich der Wäsche
> nichts. Sobald es mit Chlorkalk in Berührung kommt, geht es in
> andere Verbindungen über, die ebenfalls für die Wäsche völlig
> unschädlich sind, während der Chlorkalk seinerseits beim
> Zusammentreffen damit in das ganz unschuldige Chlorkalzium
> übergeführt wird.

Unterschwefeliges Natron ist Natriumhyposulfit bzw. –sulfoxylat mit Schwefel in der Oxidationsstufe +2: Na_2SO_2. Von der Säure existieren drei Tautomere: HO–S–OH; H–S(O)–OH; H–(O)S(O)–H. Mit Chlorkalk kann folgende vereinfachte Reaktion formuliert werden: $2\ Ca(OCl)Cl + Na_2SO_2 \rightarrow 2\ CaCl_2 + Na_2SO_4$ (bzw. auch Bildung von Calciumsulfat). Die Sulfoxylsäure ist instabil, dargestellt durch Hydrolyse von Schwefeldichlorid, sodass in alkalischer Lösung wahrscheinlich Thiosulfat vorlag: $2\ H_2SO_2 + 2\ OH^- \rightarrow S_2O_3^{2-} + 3\ H_2O$. Dann würde die Redox-Reaktion wie folgt lauten:

$3\ Ca(OCl)Cl + 2\ Na_2S_2O_3 \rightarrow 4\ NaCl + 2\ CaSO_4 + CaCl_2$

Es entsteht in beiden denkbaren Fällen nicht nur das *ganz unschuldige Chlorkalzium* (= Calciumchlorid), sondern auch Calciumsulfat = Gips, der vom Gewebe enfernt werden müsste.

> Außer Chlorkalk ist noch das *Eau de Javelle* als Bleichmittel im Handel. In chemischer Beziehung ist seine Wirkung identisch mit der des Chlorkalks, vo der es sich nur dadurch unterscheidet, daß darin an Stelle von Kalk Natron vorhanden ist. Verwendet man es, und es ist ein ziemlich beliebtes Mittel zum Entfernen von Flecken, die also, wie wir jetzt wissen, dadurch zerstört werden, so muß man ebenfalls auf die gereinigte Stelle nachher Antichlor, also ein wenig in Wasser gelöstes unterschwefligsaures Natron gießen, weil sonst auch hier die Faser sehr leiden und der gereinigte Stoff an Stelle der Flecke bald Löcher aufweisen würde.

Als Antichlor wird meist Thiosulfat bezeichnet und eingesetzt. Das Natriumhypochlorit hat den Vorteil, dass kein Calciumsulfat entsteht (s. o.).

> Zum Bleichen von Wollstoffen kann Chlorkalk nicht dienen, weil es sie nicht bleicht, sondern mit der Wolle eine gelbe Verbindung eingeht. Zur Entfärbung der Wollstoffe bedient man sich deshalb der schwefligen Säure, die dieses erfahrungsgemäß bei der tierischen Faser in genügendem Maße tut, wenn sie auch kein so kräftiges Bleichmittel wie der Chlorkalk ist. Die schweflige Säure ist jenes scharf riechende Gas, welches sich beim Brennen des Schwefels entwickelt. Da sie im Wasser sehr löslich ist, wird mit ihr so gearbeitet, daß man die zu bleichenden Stoffe naß in einer Kammer aufhängt, in der man Schwefel abbrennt, so daß auf diesem Wege die schweflige Säure an die nassen Stoffe gelangt. Ein besonderes Gegenmittel zur Zerstörung des Überschusses ist hier nicht nötig, weil bei diesem Verfahren nur sehr wenig schweflige Säure an die einzelnen Stoffe kommt.

Die genannte Gelbfärbung der Wolle durch Chlorkalk ist wahrscheinlich auf die Schwefel enthaltenden Aminosäuren zurückzuführen, aus denen Schwefel freigesetzt wird.

Nun haben wir weiter das Wasserstoffsuperoxyd zu erwähnen. Das »superoxyd« in seinem Namen zeigt an, daß es eine Verbindung ist, die sehr viel Sauerstoff enthält, und dieser ist es hier, der die Bleichkraft erteilt. Man erzielt mit ihm seit 1830 manche Bleicherfolge, die mit Chlor und schwefliger Säure überhaupt nicht zu erreichen sind. So bleicht Wasserstoffsuperoxyd, was jene nicht vermögen, Haare, Federn und Elfenbein völlig. Sonstige Bedeutung vermochte es aber kaum zu erlangen. Diese ist erst in neuester Zeit anderen Superoxyden zugefallen, welche seit dem Jahre 1907 die künstliche Bleiche in jede Waschküche einzuführen ermöglicht haben. Den größten Erfolg hat das Persil errungen, welches neben Seife, Soda und Wasserglas 10 Prozent Borsuperoxyd enthält, weil das Borsuperoxyd in seiner Wirkung auf die Wäsche besonders milde ist. Persil reinigt also die Wäsche und bleicht sie zugleich, wozu noch kommt, daß es außerdem desinfizierend wirkt. Die Gewinnung der für Wasch- und Bleichzwecke in Betracht kommenden Superoxyde auf nicht zu teurem Wege ist nur mit Hilfe des elektrischen Stromes (…) möglich, weshalb sie erst hundert Jahre später als der Chlorkalk billige Handelsware werden konnte.

1811 entdeckten Louis *Thenard* (1777–1857) und Joseph-Louis *Gay-Lussac* (1778–1850) das Bariumperoxid, aus dem Thenard 1818 durch die Reaktion mit Salz- bzw. Schwefelsäure eine wässrige Lösung von Wasserstoffperoxid gewinnen konnte.
Die elektrolytische Herstellung erfolgt aus Sulfat-Ionen durch Bildung von Peroxosulfat und dessen Hydrolyse:

1. $2\ SO_4^{2-} \rightarrow S_2O_8^{2-} + 2\ e^-$
2. $S_2O_8^{2-} + 2\ H_2O \rightarrow H_2O_2 + 2\ HSO_4^-$

Natriumperborat wurde 1904 unabhängig voneinander durch den französischen Chemiker Georg François *Jaubert* und Otto *Liebknecht* (1876–1949; 1900–1925 Chefchemiker der Deutschen Gold- und Silberscheideanstalt, später Degussa, danach Professor in Berlin; Bruder von Karl Liebknecht) entwickelt. Es bildet sich aus Tetraborat (Borax) durch Umsetzung mit Wasserstoffperoxid (über das Metaborat):

$Na_2B_4O_7 + 2\ NaOH \rightarrow 4\ NaBO_2 + H_2O$
$NaBO_2 + H_2O_2 + 3\ H_2O \rightarrow NaBO_2(H_2O_2) \cdot 3\ H_2O$

Jaubert hatte zwar neun Monate vor Liebknecht ein Patent angemeldet, Liebknecht aber ein effektiveres Synthese-Verfahren entwickelt, das der Degussa den langfristigen Erfolg sicherte.

6.7 Redoxreaktionen mit Eisen-Ionen

Für die folgenden Reaktionen werden Lösung von Eisensalzen verwendet, die aus einem Eisennagel gewonnen wurden, der in einer Lösung des Schnellentkalkers (aus Amidoschwefel- und Citronensäure) bzw. in Essigessenz über einen Tag gestanden hat.

Die dabei erhalten Lösungen sind fast farblos, beim Entkalker jedoch schwach gelb gefärbt.

Die wichtigsten Oxidationsstufen des Eisen sind ±0 (Element), +2 und +3. In der Natur kommen Eisen(II)-salze als Hydrogencarbonat in kohlenstoffdioxidhaltigen Wässern vor. Solange das Wasser freies Kohlenstoffdioxid enthält, findet keine Oxidation statt. Beim Austritt solcher Mineralwasser in Quellen (»Eisensäuerlinge« oder auch »Stahlquellen« genannt) entgasen sie jedoch, und der Zutritt des Luftsauerstoffs führt zur Ausfällung als rotbraunes Eisen(III)-hydroxid (1 Sauerstoffmolekül liefert 4 Elektronen) bzw. als Eisen(III)-oxidhydrat:

$$4\ Fe(HCO_3)_2 + 2\ H_2O + O_2 \rightarrow 4\ Fe(OH)_3\downarrow + 8\ CO_2\uparrow$$
$$4\ Fe(HCO_3)_2 + 2\ H_2O + O_2 \rightarrow 4\ FeO(OH)\cdot H_2O\downarrow + 8\ CO_2\uparrow$$

Versuch Nr. 57 Prüfung der Oxidationstufen von Eisen in sauren Lösungen

Materialien Eisenlösung in Essigessenz bzw. Schnellentkalker, Soda, Schnappdeckelgläser, Löffel

Durchführung Einige Milliliter der aus einem Eisennagel und der Essigsäure bzw. dem Gemisch an Citronen- und Amidoschwefelsäure gewonnenen Eisensalz-Lösungen werden jeweils in einem Schnappdeckelglas verdünnt und nach und nach mit so viel Soda versetzt, dass keine Gasentwicklung mehr auftritt.

Beobachtungen In beiden Lösungen fallen zunächst fast weiße, sich jedoch rasch grünlich bis schwärzlich färbende Niederschläge (Fällungen) auf.

Erläuterungen	Die klassischen Lehrbücher der »Qualitativen Analyse« (von Gerhart *Jander* (1892–1961, o. Prof. und Direktor des Anorganisch-Chemischen Institutes der TU Berlin, begründet) weisen daraufhin, dass

> bei den Reaktionen des Fe^{2+} (...) zu beachten (ist), daß die meisten Fe(II)-Salze bereits mehr oder weniger durch Fe(III) verunreinigt sind bzw. in Lösung sehr leicht zu Fe(III) oxydiert werden. (Hofmann-Jander 1972)

Im Alkalischen färbt sich daher ein Niederschlag durch Fe(III)-Spuren grünlich oder schwärzlich und geht beim Stehenlassen an der Luft allmählich in braunes Eisen(III)-hydroxid über. In den geprüften Lösungen liegt jedoch noch überwiegend die Oxidationsstufe +2 des Eisens vor, solange Wasserstoff entsteht.

Versuch Nr. 58 — Oxidation von Eisen(II)-Ionen mit Permanganat-Ionen

Materialien	Eisen(II)-Salz-Lösung (s. o.), Kaliumpermanganat-Lösung, Schnappdeckelglas, Plastikpipette
Durchführung	In das Glas werden einige Milliliter Kaliumpermanganat-Lösung gefüllt. Dann tropft man von einer der Eisen(II)-Salzlösungen so viel hinzu, dass eine Farbänderung auftritt.
Beobachtungen	Die rotviolette Lösung verfärbt sich nach einigen Tropfen konzentrierter Eisen(II)-Salzlösung nach Gelb (ohne Trübung). Verdünnt man jedoch die saure Eisen(II)-Salzlösung, so tritt eine gelbbraune Fällung auf.
Erläuterungen	Eisen(II)-Ionen werden zu Eisen(III)-Ionen oxidiert. In stark saurer Lösung wird das Permanganat-Ion zum Mangan(II)-Ion, in schwach saurer Lösung dagegen zum Mangan(IV)-oxid reduziert (s. auch Erläuterungen zu Versuch Nr. 40).

$$Fe^{2+} \rightarrow Fe^{3+} + e^- \mid \cdot 5$$
$$MnO_4^- + 8\ H_3O^+ + 5\ e^- \rightarrow Mn^{2+} + 12\ H_2O$$
$$5\ Fe^{2+} + MnO_4^- + 8\ H_3O^+ \rightarrow 5\ Fe^{3+} + Mn^{2+} + 12\ H_2O$$

$$Fe^{2+} \rightarrow Fe^{3+} + e^- \quad |\cdot 3$$
$$MnO_4^- + 4\ H_3O^+ + 3\ e^- \rightarrow MnO_2\downarrow + 6\ H_2O$$
$$3\ Fe^{2+} + MnO_4^- + 4\ H_3O^+ \rightarrow 3\ Fe^{3+} + MnO_2\downarrow + 6\ H_2O$$

Der Versuch eignet sich besonders gut dafür, die Abhängigkeit der Reduktion von Permanganat-Ionen vom pH-Wert (von der Konzentration der Säuren) zu erkennen.

Zusätzlich kann auch in einer schwach sauren Lösung eine Hydrolyse der entstandenen Eisen(III)-Ionen nach Bildung eines Komplexes erfolgen:

$$2\ [Fe(OH)(H_2O)_5]^{2+} \leftrightarrows [(H_2O)_4Fe(OH)_2Fe(H_2O)_4]^{4+} + 2\ H_2O$$

(gelblich-braun gefärbte Ionen, pH 0-2 ⇆ gelbrauner zweikerniger Eisenkomplex, pH 3–5)

$$[(H_2O)_4Fe(OH)_2Fe(H_2O)_4]^{4+} \rightarrow 2\ Fe(OH)_3\downarrow + 4\ H_3O^+$$

Versuch Nr. 59 — Reduktion von Eisen(III)-Ionen

Materialien Eisen(III)-Salzlösung (s. o.), Becherglas, Spatellöffel, Heizplatte, Eisennagel, Schmirgelpapier oder Eisenfeile

Durchführung Zu einer sauren Eisen(III)-Salzlösung im Becherglas fügt man einen Spatellöffel Eisenpulver (hergestellt durch Schmirgeln oder Feilen eines blanken Eisennagels) hinzu und erhitzt auf der Heizplatte.

Beobachtungen Der gelbbraune Farbton der Eisen(III)- Salzlösung verschwindet. Die Lösung wird während der Gasentwicklung nahezu farblos.

Erläuterung Die Eisen(III)-Ionen werden durch den Wasserstoff zu Eisen(II)-Ionen reduziert. Vereinfachte Darstellung der Eisen-Ionen:

$$Fe + 2\ H_3O^+ \rightarrow Fe^{2+} + 2\ [H]_{nasc} + H_2O$$
$$2\ Fe^{3+} + 2\ [H]_{nasc} \rightarrow 2\ Fe^{2+} + H_2$$

6.8 Reduktion von Silber-Ionen und die elektrochemische Spannungsreihe

Svante *Arrhenius* schrieb in seinem Buch »Die Chemie und das moderne Leben« (1922):

> Im Jahre 1801 stellte Volta die sog. elektrische Spannungsreihe der Metalle auf, und zwar in folgender Ordnung:
>
> Zink, Blei, Zinn, Eisen, Kupfer, Silber.
>
> Werden zwei von diesen Metallen miteinander in Berührung gebracht, so nimmt das in der Reihe voranstehende eine positive, das in der Reihe später folgende eine negative elektrische Ladung an. Ritter zeigte 1801, dass die Metalle einander in derselben Reihenfolge aus ihren Lösungen ausfällen. So schlägt Zink das Blei aus seiner Bleisalzlösung nieder, Blei wiederum das Zinn usw. Das Zink kann alle nachfolgenden fünf Metalle aus den Lösungen ihrer Salze fällen, Blei jedoch nur die vier ihm nachstehenden...

Johann Wilhelm *Ritter* (1776–1810) studierte Medizin in Jena (bis 1798) und begann danach seine Forschungen über die Elektrizität. 1802 wirkte er am Hof von Gotha, danach in Weimar. 1805 folgte er einem Ruf an die Münchner Akademie der Wissenschaften. Er formulierte die Aussage, dass unedle Metalle die edlen aus ihrer Lösung ausscheiden. Aus diesen Ansätzen entstand auf der Grundlage der *Normalpotenziale* (ermittelt mithilfe der Normalwasserstoff-Elektrode) und der *Nernst'schen Gleichung* (1889) die *elektrochemische Spannungsreihe* (Auszug):

Li – K – Ca – Na – Mg – Al – Mn – $\underline{Zn}$ – $\underline{Fe}$ – Ni – Sn – $\underline{H_2}$ – $\underline{Cu}$ – $\underline{Ag}$ – Hg – Au
(Die unterstrichenen Metalle werden im folgenden Versuch eingesetzt.)

Versuch Nr. 60 Reduktion von Silber-Ionen durch Eisen, Zink und Kupfer

Materialien Silbernitrat-Lösung (aus Versuch Nr. 33), blanker Eisennagel, gereinigte Kupfermünze, Büroklammer verzinkt, Schnappdeckelgläser, Plastikpipette, entmin. Wasser

Durchführung Jeweils einige Tropfen der Silbernitrat-Lösung werden in drei Schnappdeckelgläsern mit entmineralisiertem Wasser verdünnt. Dann fügt man getrennt den verdünnten Lösungen den blanken Eisennagel, die gereinigte Kupfermünze bzw. die verzinkte Büroklammer hinzu.

Beobachtungen In allen drei Gläsern bildet sich schwarze Flocken.

Erläuterungen Die Normalpotenziale (E^0) der vier Metalle betragen in Volt:

Ag 0,800 / Cu 0,345 / Fe ($Fe^{2+} + 2\,e^- \leftrightarrows Fe$) –0,44 / Zn –0,762

Aufgrund der Potenzialdifferenzen zum Silber sind alle anderen drei Metalle unedler, sodass sie nach dem Merksatz (s. o.) Silber aus seiner Lösung abscheiden. (Vergleichbare Versuche lassen sich mit einer Kupfersalz-Lösung und dem Eisennagel bzw. der verzinkten Büroklammer durchführen.)

7 Komplexchemie

Der Begründer der sogenannten *Koordinationslehre* ist Alfred *Werner* (1866–1919), der darüber erstmals 1893 berichtete. In der zweiten Hälfte des 19. Jahrhunderts waren bei der Umsetzung von Salzen der Nebengruppenelemente mit Ammoniak zahlreiche farbige Verbindungen synthetisiert worden. Vom Molekülaufbau dieser Substanzen hatte man jedoch keine überzeugenden Vorstellungen. Werner, der aus Mühlhausen im Elsass stammte, studierte am Polytechnikum in Zürich (heute ETH) und promovierte 1890 »Über die Raumverteilung der Atome in Stickstoffverbindungen«. Ab 1893 wirkte er als Professor an der Universität in Zürich. Er führte die Begriffe *Koordinationszahl*, *Zentralatom* und *Liganden* ein und untersuchte vor allem oktaedrische Komplexe. 1913 erhielt er den Nobelpreis für Chemie. Vom ihm stammt das grundlegende Werk »Neuere Anschauungen auf dem Gebiete der anorganischen Chemie« (1905). Werner unterschied zwischen *Haupt-* und *Nebenvalenzen*, wobei er Ersteren *ionogen* und *nichtionogen* gebundene Atome, Ionen und Moleküle zuordnete.

Weitere Meilensteine in der Entwicklung der Komplexchemie sind die *elektrostatischen Vorstellungen* von Walther Kossel (1888–1956; Physik-Professor in Kiel, Danzig und zuletzt Tübingen) von 1915 sowie das Konzept der *Hybridisierung* von Elektronenzuständen am Zentral-Ion durch Linus *Pauling* (1901–1994; Nobelpreis für Chemie 1954). Pauling beschrieb in dem 1933 erschienenen Buch seine theoretischen Arbeiten zur Anwendung der Quantenmechanik auf die Struktur der Moleküle und über die chemische Bindung. Nach 1946 entstand die *Ligandenfeldtheorie* der Komplexverbindungen, die auf der Kristallfeldtheorie aufbaut.

Eine vereinfachende Definition eines *Komplexes*, einer *Koordinationsverbindung*, lautet: Es handelt sich um eine chemische Verbindung, in der ein *Zentralatom* (Metall-Ion oder Atom) mit Lücken in seiner Elektronenkonfiguration ein oder mehrere Moleküle bzw. Ionen als *Liganden* angelagert (komplex gebunden) hat. Liganden müssen über mindestens ein *freies Elektronenpaar* verfügen. Zwischen Zentralatom und Ligand entstehen polare kovalente Bindungen. Viele Komplexverbindungen sind farbig. So nimmt wasserfreies Kupfersulfat bei der Zugabe von Wasser eine hellblaue Farbe an. Es entsteht ein sogenannter *Aqua-Komplex* mit sechs Wassermolekülen als Liganden des Zentral-Ions. Die Komplexbildungsreaktion lautet:

$CuSO_4 + 6\ H_2O \rightarrow [Cu(H_2O)_6]^{2+} + SO_4^{2-}$

Nach *Lewis* (s. Kap. 2.1) kann die Komplexbildungsreaktion als eine klassische *Säure-Base-Reaktion* bezeichnet werden. Das Zentralatom (in der Regel ein Metallkation, am häufigsten von Übergangsmetallen) ist die *Lewis-Säure*, der Elektronenakzeptor; der Ligand, der die freien Elektronen besitzt, ist der Elektronendonator.

In Alltagsprodukten sind als wichtige Komplexbildner vor allem die organischen Säuren Citronen- und Weinsäure (Hydroxysäuren) zu nennen. In Seifen spielen zwei spezielle Komplexbildner eine Rolle – *Tetrasodium EDTA* (Ethylendiamintetraessigsäure) und *Tetrasodium Etidronat* (Etidronsäure als Diphosphonsäure). Beide Komplexbildner haben die Funktion, katalytisch wirkende Eisen- bzw. auch andere Schwermetallionen zu komplexieren, die die Autoxidation ätherischer Öle (Duftstoffe) beschleunigen würden. Speziell zur Komplexierung der Härtebildner im Wasser werden in Waschmittel *Phosphonsäuren* als Komplexbildner eingesetzt.

7.1 Komplexchemie des Kupfers und Silbers

Kupfer gehört zur Gruppe der Übergangsmetalle. In wässrigen Lösungen sind die Kupfer(II)-Ionen hydratisiert (hellblau) in Form von $[Cu(H_2O)_6]^{2+}$. Über die Geometrie dieses Komplexes in Salzen mit der Koordinationszahl sechs ist bekannt, dass vier der sechs Wassermoleküle quadratisch-eben und die beiden anderen unterhalb und oberhalb dieser Ebene angeordnet sind (als tetragonal verzerrtes Oktaeder). In wässriger Lösung wird ein Wassermolekül durch eine Hydroxidgruppe aus der Dissoziation des Wassers ersetzt, die Lösungen reagieren schwach sauer:

$[Cu(H_2O)_6] + 2\ H_2O \rightarrow [Cu(H_2O)_5OH] + H_3O^+$

Das Kupfermetall wird an der Luft oberflächlich und sehr langsam zum roten Kupfer(I)-oxid Cu_2O oxidiert. Dieses haftet fest an der Oberfläche und verleiht dem Kupfer seine charakteristische rote Kupferfarbe (die eigentliche Farbe des »reinen« Metalls ist hellrot). Durch die Einwirkung von Kohlenstoffdioxid aus der Luft (und anderer saurer Gase wie Schwefeldioxid oder chloridhaltige Sprühnebel) entstehen auf der Oberfläche des Gebrauchsmetalls grüne basische Salze, die man als *Patina* bezeichnet. Sie schützen das darunterliegende Metall zugleich vor weiterer Zerstörung:

$CuCO_3 \cdot Cu(OH)_2\ /\ CuSO_4 \cdot Cu(OH)_2\ /\ CuCl_2 \cdot 3\ Cu(OH)_2$

In Lösungen mit organischen Carbonsäuren wie der Wein- oder Citronensäure bilden sich ebenfalls intensiv blau gefärbte Komplexverbindungen, sodass aus diesen Lösungen mit Natronlauge und Natriumcarbonat kein Hydroxid bzw. kein basisches Salz gefällt werden kann. Einen besonders charakteristischen Komplex mit intensiver Blaufärbung bildet das Ammoniakmolekül: den Tetramminkomplex $[Cu(NH_3)_4]^{2+}$.

Versuch Nr. 61 Bildung des Tetramminkomplexes mit Hirschhornsalz

Materialien Kupfersalz-Lösung aus Versuch Nr. 32 (Kupfermünzen in Haushaltsessig), Soda, Hirschhornsalz, Schnappdeckelgläser, Spatellöffel

Durchführung Ein Teil der Kupferacetat-Lösung wird in einem Glas mit Wasser verdünnt. Dann fügt man zunächst etwas Soda, dann sofort etwa die gleiche Menge Hirschhornsalz hinzu und rührt um.

Beobachtungen Zunächst bildet sich eine grünblaue Trübung bis Fällung, nach dem Lösen des Hirschhornsalzes dann eine intensiv tiefblaue Lösung.

Erläuterungen Zuerst fällt – wie im Versuch Nr. 32 beschrieben – basisches Kupfercarbonat aus, das sich in sodaalkalischer Lösung infolge der Bildung von Ammoniak aus dem Hirschhornsalz (vorwiegend Ammoniumcarbonat) zum Kupfertetramminkomplex umwandelt:

$$NH_4^+ + OH^- \rightleftharpoons NH_3 + H_2O$$
$$CuCO_3 \cdot Cu(OH)_2 + 8\, NH_3 \rightarrow 2\, [Cu(NH_3)_4]^{2+} + CO_3^{2-} + 2\, OH^-$$

Die Reaktion ist sehr empfindlich und kann daher auch zum Nachweis geringer Kupfermengen verwendet werden. So lassen sich bereits Spuren von löslichem Kupfer auf einer Münze dadurch nachweisen, dass man sie in eine Lösung aus Hirschhornsalz (s. auch Kap. 2.4) legt und dann Soda hinzufügt.

Versuch Nr. 62 Kupferkomplexe mit Wein- oder Citronensäure

Materialien Kupfersalzlösung wie in Versuch Nr. 61, Citronen- oder Weinsäure, Soda, Schnappdeckelgläser, Spatellöffel

Durchführung Die mit Wasser verdünnte Kupferacetat-Lösung wird mit einem Spatellöffel Citronen- oder Weinsäure versetzt. Dann fügt man in kleinen Portionen so viel Soda hinzu, dass keine Gasentwicklung mehr auftritt.

Beobachtungen Beim Lösen von Soda tritt zunehmend eine Blaufärbung der Lösung auf – es bildet sich kein Niederschlag, auch nicht mit einem Überschuss an Soda nach Beendigung der Gasentwicklung.

Erläuterungen Ohne die Anwesenheit der Citronen- oder Weinsäure würde nach der Zugabe von Soda wieder ein basisches Kupfercarbonat ausfallen. In dieser Lösung bildet sich ein Komplex mit den Citrat- bzw. Tartrat-Ionen. Wichtig dabei ist der pH-Wert, da für die Komplexbildung ausreichend Ionen zur Verfügung stehen müssen, damit freie Elektronenpaare mit dem Zentral-Ion Kupfer koordinieren können.

Folgende Gleichgewichte spielen hierbei eine Rolle (H_2Tart steht für die Weinsäure mit zwei Carboxylgruppen):

$$CO_3^{2-} + H_2O \leftrightarrows HCO_3^- + OH^-$$
$$H_2Tart + 2\,OH^- \leftrightarrows Tart^{2-} + 2\,H_2O$$
$$Cu^{2+} + 2\,Tart^{2-} \leftrightarrows [Cu(Tart)_2]^{2-}$$

Die Struktur des Kupfer-Tartrat-Komplexes ist in Abb. 14 dargestellt. Kovalente und koordinative Bindungen erfolgen somit über Hydroxygruppen der Weinsäure (ähnlich bei der Citronensäure). In einer Lösung mit dem sogenannten *Seignettesalz* (Kalium-Natrium-Tartrat,

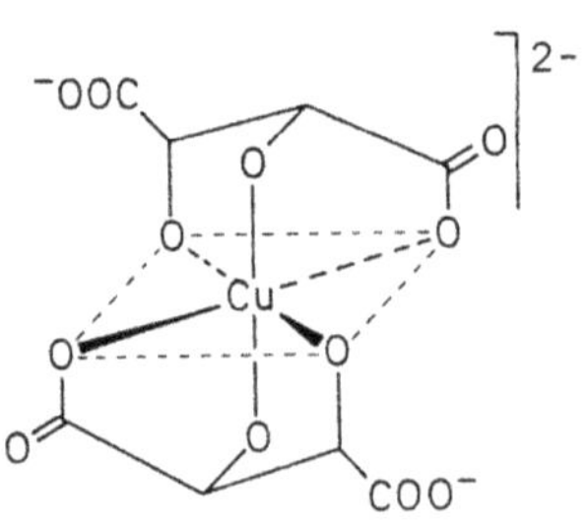

Abb. 15 Darstellung des Bis(tartrato) cuprat(II)-Komplexes. (Aus: Kunze/Schwedt, »Grundlagen der quantitativen Analyse«, 6. Aufl. 2009.)

nach dem französischen Apotheker Elie *Seignette* [1632–1698], dem Entdecker, benannt) bildet sich dieser Komplex. Kupfersalze lassen sich aus dieser Lösung auch durch Alkalilaugen wie Natronlauge nicht mehr ausfällen.

Versuch Nr. 63 — Silber als Diamminkomplex

Materialien

Silbersalzlösung (aus Versuch Nr. 33), Kochsalz, Soda, Hirschhornsalz, Schnappdeckelgläser, Plastikpipette, entmin. Wasser, Spatellöffel

Durchführung

Einige Tropfen der Silbersalzlösung werden mit entmineralisiertem Wasser im Glas verdünnt. Dann fügt man zunächst einige Kristalle Kochsalz hinzu. Ein Teil der Suspension wird in ein zweites Glas umgefüllt. Dort hinein gibt man je einen Spatellöffel Soda und Hirschhornsalz. Beide Salze werden durch Schütteln nach dem Verdünnen der Probe gelöst.

Beobachtung

Der zunächst nach Zusatz von Natriumchlorid entstandene weiße Niederschlag löst sich bei einem genügendem Überschuss von Natriumcarbonat und Ammoniumcarbonat wieder auf.

Erläuterungen

Es treten folgende Reaktionen ein:

1. Fällung als Silberchlorid: $Ag^+ + Cl^- \leftrightarrows AgCl\downarrow$
2. Bildung von Ammoniak: $NH_4^+ + OH^- \leftrightarrows NH_3 + H_2O$ | $\cdot 2$
(Die Ammonium-Ionen stammen aus dem Hirschhornsalz, die Hydroxid-Ionen aus der Hydrolyse der Carbonat-Ionen des Natriumcarbonats.)
3. $Ag^+ + 2\ NH_3 \leftrightarrows [Ag(NH_3)_2]^+$

Der Hinweis »genügender Überschuss« bedeutet Folgendes: Es handelt sich bei allen Teilreaktionen um Gleichgewichte. Ist der Überschuss an Chlorid-Ionen (1.) zu groß und die Konzentration von Ammoniak (2.) zu gering, so reicht der Anteil der Silber-Ionen nicht aus, um das Gleichgewicht der Teilreaktion (3.) auf die rechte Seite, d. h. hin zur Bildung des löslichen Silberdiammin-Komplexes, zu verschieben.

Versuch Nr. 64 — Thioharnstoff als Komplexbildner im Silberbad

Materialien Silbersalzlösung (aus Versuch Nr. 33), Silber-Gold-Bad (Poliboy), Schnappdeckelgläser, Plastikpipetten, entmin. Wasser

Durchführung Einige Tropfen der Silbersalzlösung werden in einem Glas mit entmineralisiertem Wasser verdünnt. Dann tropft man langsam die Lösung des Silber-Gold-Bades hinzu.

Beobachtungen Beim Zusatz des ersten Tropfens des Silber-Gold-Bades bildet sich ein weißer Niederschlag, der sich nach Zugabe weiterer Tropfen wieder auflöst.

Erläuterungen Silber-Gold-Bäder enthalten in der Regel *Thioharnstoff* in saurer Lösung. Die zum Harnstoff analoge Schwefelverbindung $S=C(NH_2)_2$ wirkt im Überschuss als Komplexbildner (Koordination über den Schwefel) und ist in der Lage, auch »angelaufenes« Silber (mit einer dünnen Schicht aus Silbersulfid Ag_2S) zu reinigen, d. h. das schwerlösliche Silbersulfid in einen löslichen Komplex umzuwandeln:

$$Ag^+ + S=C(NH_2)_2 \rightleftarrows [Ag(S=C(NH_2)_2)]^+$$
$$Ag_2S + 2\, S=C(NH_2)_2 + 2\, H_3O^+ \rightleftarrows 2\, [Ag(S=C(NH_2)_2)]^+ + H_2S\uparrow + 2\, H_2O$$

Durch das saure Milieu des Reinigers wird der Schwefelwasserstoff ausgetrieben. (Thioharnstoff liegt durch Mesomerie stabilisiert auch als

$$\overline{\underline{|S}}-C\overset{\overset{+}{N}H_2}{\underset{\overline{N}H_2}{\diagdown}}$$

-Molekül vor, mit dem zunächst eine unlösliche Verbindung entstehen kann.)

7.2 Komplexchemie des Eisens

Eisen gehört wie Kupfer zu den Übergangsmetallen. Bei der Komplexbildung der Eisen(II)- bzw. Eisen(III)-Ionen in Wasser werden jeweils sechs Wassermoleküle oktaedrisch angeordnet: $[Fe(H_2O)_6]^{2+}$-Ionen sind blassblaugrün gefärbt, $[Fe(H_2O)_6]^{3+}$-Ionen sind fast farblos. Die gelbliche Färbung vieler Eisen(III)-Salze, gelöst im Wasser, kommt dadurch zustande, dass Wassermoleküle durch andere Liganden ausgetauscht werden. Ein Beispiel ist Eisen(III)-chlorid in salzsaurer Lösung (ohne Salzsäure erfolgt eine Hydrolyse zu basischen Salzen), wobei Chlorid-Ionen die Stelle von Wassermolekülen einnehmen können und so eine gelbe Farbe verursachen.

Auch in dem als Trennmittel für Salze verwendeten Kaliumhexacyanoferrat(II) – gelb – ist das Eisen(II)-Ion im Komplex an Cyanid-Ionen sehr stabil gebunden.

Versuch Nr. 65 — Eisen(III)-acetatokomplexe

Materialien Essigessenz, Eisennagel (rostfrei), hohes Schnappdeckelglas mit Deckel, Soda

Durchführung Man lässt den Eisennagel in Essigessenz über Nacht stehen (eine schnelle Alternative ist das kurzzeitige Erhitzen in einem Becherglas). Dann entfernt man den Nagel, verschließt das etwa halbhoch gefüllte Glas und schüttelt die Lösung kräftig (und mehrmals). Nach einem weiteren Tag wird die Farbe der Lösung festgestellt.

Beobachtungen Zunächst bilden sich Wasserstoffblasen; die Lösung ist nach einem Tag kaum gefärbt. Nach dem Entfernen des Nagels und kräftigem Schütteln färbt sich die Lösung zunehmend rötlich gelb.

Erläuterungen Solange der Eisennagel sich in der Essigsäure befindet, löst sich Eisen unter Wasserstoffbildung zu Eisen(II)-Ionen auf. Nachdem Luftsauerstoff durch Schütteln gelöst ist, erfolgt langsam eine Oxidation und zugleich Komplexbildung durch Acetationen. In schwach saurer Lösung liegt folgender Komplex vor:

$$3\ Fe^{3+} + 4\ H_2O + 6\ Ac^- \leftrightarrows [\mathbf{Fe_3(OH)_2Ac_6}]^+ + 2\ H_3O^+$$

Beim Neutralisieren der Lösung in Essigessenz (mit Soda oder NaOH aus Rohrreiniger) nimmt die Rotfärbung zu. Aus einer annähernd neutralen Lösung lässt sich Eisen(III)-hydroxid durch Erhitzen der Lösung infolge der Hydrolyse ausfällen:

$$[Fe_3(OH)_2Ac_6]^+ + Ac^- + 7\ H_2O \leftrightarrows 3\ Fe(OH)_3\downarrow + 7\ HAc$$

Analytisch wird diese Eigenschaft genutzt, um Eisen(III)-Ionen von Metall(II)-Ionen abzutrennen.

Versuch Nr. 66 — Eisenkomplexe mit Citronen- oder Weinsäure

Materialien Eisensalzlösung aus Versuch Nr. 65, Citronensäure, Weinsäure, Schnappdeckelgläser, Spatellöffel

Durchführung Der rötlichen Lösung von Eisen(III)-acetat aus dem Eisennagel (nach der Oxidation mit Luftsauerstoff) fügt man in zwei Gläsern je einen Spatellöffel Citronen- bzw. Weinsäure hinzu und löst durch Umrühren.

Beobachtungen In beiden Lösungen verschwindet der rote Farbton. Die Lösungen nehmen eine gelbe Farbe an.

Erläuterungen Die gelbe Farbe tritt auch nach dem Lösen von Eisen aus einem Nagel in dem Schnellentkalker auf, der Citronensäure neben der Amidoschwefelsäure enthält. Der Farbumschlag in diesem Experiment ist auf die Verdrängung von Acetat-Ionen aus dem Eisen(III)-Komplex durch Citrat- bzw. Tartrat-Ionen zurückzuführen.

7.3 Calciumkomplexe – nicht nur im Wein

Calcium-Tabletten enthalten in der Regel Citronensäure. Im Körper kann Calcium aus dem relativ schwachen Citratkomplex gut mithilfe sogenannter Carriermoleküle (Proteine) aus dem Dünndarm ins Blut transportiert werden. Ausfällungen oder Bindungen in schwerlöslichen Verbindungen (wie an Phytat, eine Hexaphosphorsäure, die in Getreideprodukten vorkommt, oder Oxalat) werden dadurch verhindert. Auch im Wein führt die hohe Konzentration an Weinsäure zur »Calciumstabilität«.

Versuch Nr. 67 — Calciumkomplexe in citronen- oder weinsaurer Lösung

Materialien Mineralwasser mit Calciumgehalten über 100 mg/l, Soda, Citronensäure, Weinsäure, Schnappdeckelgläser, Spatellöffel

Durchführung Mineralwasser wird in zwei Gläser etwa bis zur Hälfte des Volumens eingefüllt. Dem einen Glas fügt man einen Spatellöffel Wein- oder Citronensäure hinzu. Dann wird in beiden Gläsern so viel Soda gelöst, dass keine Gasblasen mehr entstehen.

Beobachtungen Im Glas ohne Citronen- bzw. Weinsäure bildet sich ein weißer Niederschlag bzw. es entsteht eine weiße Trübung. Die Lösung im Glas mit Säure bleibt auch nach Beendigung der Gasentwicklung klar.

Erläuterungen In sodaalkalischer Lösung ist ein Komplex aus Calcium- und Tartrat- bzw. Citrat-Ionen relativ stabil, sodass daraus kein Calciumcarbonat ausgefällt werden kann. Die infolge der Dissoziation des Komplexes vorliegende Konzentration an Calcium-Ionen erreicht die für eine Fällung nach dem Löslichkeitsprodukt erforderliche Konzentration nicht. Folgende Gleichgewichte spielen somit eine Rolle:

$$H_3Citr \,/\, H_2Tart + 3 \text{ bzw. } 2\, H_2O \leftrightarrows Citr^{3-}\,/\, Tart^{2-} + 3 \text{ bzw. } 2\, H_3O^+$$
$$Ca^{2+} + 2\, Citr^{3-}/Tart^{2-} \leftrightarrows [Ca(Tart)_2]^{2-} \text{ bzw. } [Ca(Citr)_2]^{4-}$$

8 Enzymatische Reaktionen

Erste Enzyme wurden bereits 1833 (Diastase), 1836 (Pepsin) und 1837 (Emulsin) entdeckt. 1835 entwickelte der schwedische Chemiker J. J. *Berzelius* (1779–1848) eine erste allgemeine Theorie der Katalyse, für die er als Beispiel auch die Diastase verwendete. Eduard *Buchner* (1860–1917; Nobelpreis für Chemie 1907) extrahierte das Enzym Zymase (als Ferment bezeichnet) und widerlegte die Auffassung von L. Pasteur, dass Fermentwirkungen nur durch lebende Organismen verursacht werden könnten. Als Abgrenzung gegen *Ferment* (Wirkung in lebenden Zellen) entstand der Begriff *Enzym* für einen außerhalb von Zellen wirksamen Biokatalysator. 1893 definierte W. *Ostwald* Enzyme als Katalysatoren, die Differenzierung zwischen Ferment und Enzym wurde hinfällig. Bereits Moritz *Traube* (1826–1894) hatte 1878 vermutet, dass Enzyme Proteine sind. 1894 formulierte Emil *Fischer* (1852–1919; Nobelpreis 1902) sein *Schlüssel-Schloss-Prinzip* als Erklärung für die spezifischen Enzymwirkungen.

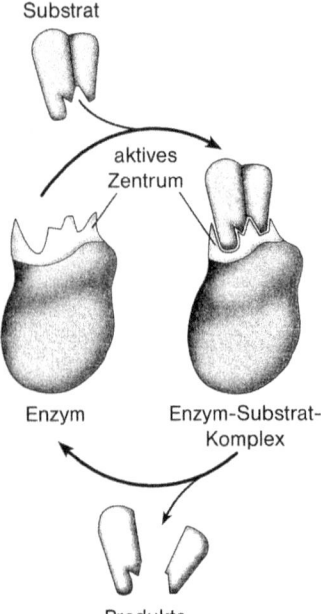

Abb. 16 Darstellung des Schlüssel-Schloss-Prinzips zur Wirkung von Enzymen in enzymatischen Reaktionen (Bildung eines Enzym-Substrat-Komplexes und Entstehung von hier zwei Produkten aus dem Substrat). (Aus: Lüttge/Kluge/Bauer, *Botanik*, Wiley-VCH, 5. Aufl., Weinheim 2005; Abb. 2-8, S. 47.)

Die kinetische Theorie der Enzymwirkung (Enzymreaktion) wurde von Leonor *Michaelis* (1875–1949; Promotion zum Dr. med. in Berlin, bis 1922 Prof. in Berlin) und Maud Leonora *Menten* (1879–1960; kanad. Medizinerin) 1913 in Berlin nach Untersuchungen zur Reaktionsgeschwindigkeit enzymatischer Prozesse bei konstanter Enzymmenge und variabler Substratkonzentration entwickelt. Die *Gleichgewichtskonstante* ging als *Michaelis-Menten-Konstante* in die Literatur ein. 1926 gelang es James B. *Sumner* (1887–1955, Biochemiker, Nobelpreis 1946; kristallisierte 1937 die Katalase) erstmals, ein Enyzm, die *Urease*, kristallin zu gewinnen und eindeutig als Protein zu identifizieren.

> Auch heute noch – über 100 Jahre nach der Aufstellung der bekannten Schlüssel-Schloss-Theorie für enzymkatalysierte Reaktionen durch Emil Fischer – sind für viele Enzyme die Mechanismen der katalytischen Wirkung nicht in allen Einzelheiten bekannt. Es gelten jedoch im Allgemeinen die Vorstellungen der modernen theoretischen organischen Chemie. Von grundlegender Bedeutung sind ›Näherungseffekte‹ (bei der Bindung des Substrats an der Oberfläche des Enzyms), wie sie bei intramolekularen Reaktionen auftreten, ähnlich den Vorgängen der kovalenten und der Säure-Base-Katalyse. In Erweiterung der Fischer-Hypothese gilt die Induced-fit-Theorie von Koshland jr., nach der sich Enzyme durch Konformationsänderungen der Struktur des Substrats anpassen...
> (G. Schwedt, »Analytische Chemie«, 2. Aufl. 2008)

In *Alltagsprodukten* werden Enzyme vor allem in *Wasch-*, *Bleich-* und *Fleckenmitteln* verwendet. Nicht immer werden die Enzyme auch im Einzelnen in der *Ingredients*-Liste genannt. In der Regel aufgeführt werden jedoch *Proteasen, Lipasen, Amylasen* und *Cellulasen* sowie spezielle wirkende Enzyme wie *Mannanase* (spaltet Galactomannan aus den Verdickungsmitteln Guarkernmehl oder Johannisbrotkernmehl) oder die Gruppe der *Glucosidasen* (spalten spezifisch Glucose ab, beispielsweise aus Amylopektin).

Günter *Wagner* berichtet in seinem Buch »Waschmittel« (2005), dass die Verwendung von Enzymen in Waschmitteln zum ersten Mal 1913 beschrieben wurde, es jedoch zunächst an hitze- und pH-stabilen Enzymen gefehlt habe. Erst ab 1960 gelang es, aus speziellen Bakterienstämmen (z. B. *Bacillus subtilis*) bei bis zu ca. 65 °C in der sodaalkalischen Waschflotte ausreichend aktive Enzyme (Proteasen) zu isolieren. Ab 1969 wurden Waschmittel mit Enzymzusatz in der Werbung als »biologisch aktiv«

bezeichnet. Da es bei Arbeitern in den Waschmittelfabriken zu Überempfindlichkeitsreaktionen auf den feinen Enzymstaub kam, werden Enzyme heute in kleinen Kügelchen, »Prills«, eingekapselt. In Japan wurde 1988 erstmals ein gentechnisch hergestelltes Enzym in Waschmitteln eingesetzt. Seit 1989 sind auf diese Art gewonnene Enzyme auch in deutschen Waschmitteln enthalten. Vor allem Lipasen sind so am wirtschaftlichsten zu produzieren.

Die Enzyme in Reinigungsmitteln bauen Schmutz aus beispielsweise Stärke, Eiweiß und amorphen Anteilen der Cellulose (bei Baumwolle und baumwollhaltigen Cellulosefasern) ab, der fest auf dem Gewebe haftet, und erleichtern damit den Zugang der Tenside.

8.1 Amylasen

Amylasen werden seit 1975 Waschmitteln zugesetzt. Man unterscheidet zwischen α- und β-Amylasen. α-Amylasen spalten die in den Ketten von Stärkemolekülen vorliegenden α-1,4-glycosidischen Bindungen statistisch aus dem Inneren des Stärkemoleküls und bilden so Stärkeabbauprodukte mit niedriger Molmasse. β-Amylasen spalten vom nichtreduzierenden Ende der Ketten des Stärkemoleküls das Disaccharid Maltose ab. Es entstehen dabei auch sogenannte Grenzdextrine. Amylasen sind auch im Mundspeichel vorhanden.

Amylasen entfernen Flecken beispielsweise von Haferbrei, Bratensoße und Kartoffelbrei.

Versuch Nr. 68 Abbau der Stärke durch Amylasen

Materialien Wasch- oder Fleckenmittel (Kennzeichnung: Amylase), Stärke (z.B. Kartoffelmehl), Iodlösung, Essigessenz, Plastikpipetten, Bechergläser, Heizplatte, Spatellöffel, Thermometer

Durchführung In zwei Bechergläsern wird je ein kleiner Spatellöffel Stärke mit Wasser suspendiert. Einem Glas fügt man einen Löffel Wasch- bzw. Fleckenmittel hinzu. Auf der Heizplatte werden die Inhalte beider Gläser auf 40–50 °C (je nach Angabe der Hersteller) für 5–10 min erwärmt. Nach dem Abkühlen pipettiert man Essigessenz hinzu, bis keine Gasentwicklung mehr auftritt. Dann gibt man in beide Gläser je ein bis zwei Tropfen Iodlösung.

Beobachtungen	Je nach Wirksamkeit der Amylasen wird sich die Iod-Stärke-Reaktion (tiefblau in der Lösung ohne Zusatz) deutlich verringert haben; man erkennt nur noch einen Rotviolettton oder überhaupt keine Färbung mehr.
Erläuterungen	Die Aktivität der Amylasen ist von der Temperatur, dem pH-Wert und der Reaktionszeit abhängig. Das Ansäuern ist erforderlich, um eine Disproportionierung und damit Entfärbung der Iodlösung in der alkalischen Lösung des Wasch-/Fleckenmittels zu verhindern (s. Versuch Nr. 44). Als Abbauprodukte entstehen Dextrine bis zu Monosacchariden.

8.2 Proteasen

Proteasen als eiweißspaltende Enzyme sind die wichtigsten und auch ältesten Waschmittelenzyme. Die heute gewonnenen Proteasen lassen sich bei hohen Temperaturen (Optimum bei 50 °C) und auch im alkalischen Bereich (bis pH 11–12) einsetzen. Sie werden aus gentechnisch optimierten Bakterienkulturen gewonnen. Die grundlegend neuen Proteasen, die »3. Generation« (die »2. Generation« wurde noch als naturidentisch bezeichnet) werden durch gezielte Veränderungen der Aminosäuresequenz mittels *Protein-Engineering* gewonnen. Proteasen werden in Endopeptidasen und Exopeptidasen unterteilt. *Endopeptidasen* spalten Proteine in Peptide unterschiedlicher Molgröße, *Exopeptidasen* spalten Bindungen am Ende einer Peptidkette unter Bildung von Aminosäuren.

Proteasen entfernen Flecken beispielsweise von Ei, Blut, Milch und Kakao.

Versuch Nr. 69	**Proteasen lösen Gelatine**
Materialien	Gummibärchen (rot), Vollwaschmittel, Bechergläser, Heizplatte, Thermometer
Durchführung	Je ein Gummibärchen wird im Becherglas mit Wasser bedeckt. Dem einen Glas fügt man einen Löffel Waschmittelpulver hinzu (oder bei einem Waschmittel-Gel einige Tropfen) und erwärmt beide Lösungen für einige Minuten auf der Heizplatte bis zu der auf der Waschmittelpackung angegebenen Temperatur.

Enzymatische Reaktionen

Beobachtungen   Das Gummibärchen im Glas ohne Waschmittel quillt auf; dasjenige im Waschmittel hat sich zum Teil aufgelöst, die rote Farbe ist zum Teil verschwunden.

Erläuterungen   Je nach Aktivität der Proteasen (und Einwirkungszeit) kann eine mehr oder weniger vollständige Spaltung der Gelatine in wasserlösliche Peptide bzw. sogar Aminosäuren erreicht werden. Das Bleichmittel wird auch die Farbe des Gummibärchens zum großen Teil zerstören.

8.3 Lipasen

Als fettspaltende Enzyme werden *Lipasen* in Waschmitteln eingesetzt, die ihre größte Wirkung schon bei Raumtemperatur erreichen können. Bei höheren Temperaturen reichen die Wirkungen der Tenside, um fettähnliche Verschmutzungen vom Gewebe abzulösen. Durch die Kombination von Lipasen und Tensiden wird die Waschwirkung jedoch erhöht. Seit 1991 werden Lipasen Waschmitteln zugesetzt. Lipasen zählen zur Gruppe der Hydrolasen. Sie spalten (hydrolysieren) Glycerol-Fettsäureester in Di- und Monoacylglyceride, Glycerol (Glycerin) und freie Fettsäuren. Optimal wirken sie, wenn das Fett hydrophob ist und als Emulsion für die enzymatische Reaktion vorliegt. So lassen sich auch die synergistischen Effekte durch Tenside erklären.

Versuch Nr. 70   **Abbau von Sonnenblumenöl**

Materialien   Sonnenblumenöl, Vollwaschmittel, Plastikpipetten, 2 kleine Bechergläser, Heizplatte, Thermometer

Durchführung   Die beiden Bechergläser werden zur Hälfte mit Wasser gefüllt. Dann pipettiert man so viel Öl hinzu, dass sich gerade ein dünner Ölfilm auf der Wasseroberfläche gebildet hat. Einem der Gläser fügt man Waschmittel hinzu und erwärmt den Inhalt beider Gläser für einige Minuten bis zu der auf der Packung angegebenen Temperatur. Nach dem Abkühlen wird die Verteilung des Öls in beiden Gläsern verglichen.

Beobachtungen	Im Glas mit nur Wasser ist der Ölfilm auf der Oberfläche erhalten geblieben. Im Glas mit dem Waschmittel ist eine getrübte Lösung entstanden.
Erläuterungen	In der relativ kurzen Versuchszeit wurde bereits die für den Abbau der Fette erforderliche Emulsion und somit ein teilweiser Abbau in Fettsäuren und Glycerol (Glycerin) erreicht.

8.4 Cellulasen

Die *Cellulasen* haben in Waschmitteln die Aufgabe, amorphe Anteile der Cellulose und vor allem auf der Oberfläche der Gewebe abstehenden Mikrofibrillenfasern (»Fusseln«) abzulösen. Auch hier wird dadurch die Zugänglichkeit für Tenside erleichtert. Der optische Eindruck der Oberfläche ist nach der Entfernung der abstehenden Fasern verbessert. Auch eine Farbtrübung bzw. ein Verblassen wird so in einem gewissen Ausmaß rückgängig gemacht, sodass Cellulasen vor allem für *farbige* Baumwolle und baumwollhaltige Gewebe in den sogenannten Color- und Feinwaschmitteln seit 1992 Verwendung finden. Cellulasen spalten Cellulose bis zur Cellobiose (Disaccharid) und Glucose. Die Mikroflora des menschlichen Darms verfügt im Vergleich zur Mikroflora im Pansen der Wiederkäuer über ein sehr geringe Cellulase-Aktivität.

Versuch Nr. 71	**Weiterer Abbau von teilweise abgebauter Cellulose auf Zwiebelschale**
Materialien	Vollwaschmittel, Zwiebel mit brauner Schale, kleine Bechergläser, Spatellöffel, Heizplatte, Thermometer, Pinzette
Durchführung	In die beiden Bechergläser wird je ein Stückchen gelbbraun gefärbter Zwiebelschale gegeben. Die Gläser werden etwa zur Hälfte mit Wasser gefüllt. Dann fügt man einem Glas einen Spatellöffel Vollwaschmittel hinzu und erwärmt beide Gläser auf der Heizplatte bis zu der auf der Packung angegebenen Temperatur. Nach einigen Minuten werden die Zwiebelschalen (eventuell mithilfe der Pinzette) entnommen und deren Beschaffenheit verglichen.

Beobachtungen Im Glas ohne Zusatz hat sich das Wasser schwach gelb gefärbt. Die Zwiebelschale hat sich kaum verändert. Im Glas mit dem Vollwaschmittel ist das Wasser nur schwach gefärbt, die Oberfläche der Zwiebelschale ist farblos geworden.

Erläuterungen Im Versuch ist der Abbau bereits nicht mehr »intakter« (brauner) Cellulose festzustellen. Die Hydrolyse der völlig unlöslichen, mikrokristallinen Cellulose ist ein ziemlich komplizierter Vorgang, an dem mehrere Enzyme beteiligt sind. Daher wird nur der bereits teilweise zerstörte (angegriffene) Cellulose abgebaut. Das Bleichmittel auf Sauerstoffbasis hat hier auch die braunen Farbstoffe oxidiert.

9 Charakteristische Reaktionen: Das Pearson-Konzept

1975 veröffentlichte der damalige Inhaber des Lehrstuhls für Anorganisch-Analytische Chemie an der Universität Münster, Prof. Fritz *Umland* (1922–1990), ein »Studienbuch für Studierende der Chemie ab dem 1. Semester« mit dem Titel *Charakteristische Reaktionen anorganischer Stoffe*. In diesem Buch verwendete Umland als Ordnungsprinzip das *Pearson-Konzept*.

Die 1925 von Gilbert Newton *Lewis* (s. Kap. 2.1) entwickelte Säure-Base-Theorie bezeichnet *Säuren* als *Elektronenpaarakzeptoren* (EPA) und *Basen* als *Elektronenpaardonatoren* (EPD). Nach dieser Theorie können *Komplexe* als Verbindungen aufgefasst werde, die durch Anlagerung von Elektronenpaardonatoren an einen Elektronenpaarakzeptor gebildet werden. Ein Beispiel ist der Kupfertetramminkomplex mit Ammoniak und seinem freien Elektronenpaar am Stickstoff |NH_3 als EPD und dem Kupfer(II)-Ion Cu^{2+} als EPA.

Auch Oxidation und Reduktion werden mithilfe von Elektronen beschrieben. Ein *Oxidationsmittel* ist ein Elektronenakzeptor (EA) und ein *Reduktionsmittel* ein Elektronendonator (ED), der oxidiert wird (s. Kap. 6.1).

Umland nennt dazu eine Reihe von Beispielen, bevor er auf das Pearson-Konzept eingeht. So beschreibt er das Zusammentreten von Wasserstoff- und Chlorid-Ionen zum Chlorwasserstoff (als Gas) als eine *Lewis-Säure/Basen-Reaktion* oder *EPA-EPD-Wechselwirkung*. Er weist daraufhin, dass in der Regel eine Kopplung zwischen EA-ED- und EPA-EPD-Reaktion vorliegt und somit formal durchaus eine Analogie zwischen *Lewis-Säure* EPA und *Oxidationsmittel* EA sowie *Lewis-Base* EPD und *Reduktionsmittel* ED bestehe. Der Unterschied sei jedoch, dass bei einer Redoxreaktion ein oder mehrere Elektronen vom Reduktionsmittel auf das Oxidationsmittel übergehen, also ein *Elektronentransfer* stattfindet, bei der Lewis-Säure/Basen-Reaktion jedoch ein *Elektronenpaar* des Donators beim Akzeptor anteilig wird.

Führt man die Vergleiche noch eine Reaktionsart weiter, so kann man Folgendes feststellen:

Bei *Redoxreaktionen* tritt eine *Änderung der Wertigkeit* auf, bei *Kompexbildungsreaktionen* ändert sich die *Koordinationszahl* bzw. die Koordinationssphäre, ohne dass die Wertigkeit des Einzelelementes dabei verändert wird.

Zur Unterscheidung werden heute die Begriffe *elektrochemische Wertigkeit* für die Oxidationszahl, *koordinative Wertigkeit* für die Koordinationszahl und *Ionenwertigkeit* für die Ladungszahl eines Ions verwendet.

Nach der Theorie von *Lewis* sind somit *Komplexbildungsvorgänge* und auch *Fällungsreaktionen* (s. Kap. 4.1) verallgemeinerte Säuren-Basen-Reaktionen. Bei einer Fällung treten EPA und EPD wie bei der Bildung des gasförmigen Chlorwasserstoffs in Wechselwirkung.

Mit dem von Ralph G. *Pearson* (Jg. 1919) entwickelten Konzept der harten und weichen Säuren und Basen gelingt eine noch weiter gehende Verallgemeinerung. Pearson veröffentlichte sein Konzept 1963 als Professor für Physikalische Chemie an der University of California, Santa Barbara. Es beruht auf dem Lewis-Säure-Base-Konzept, d. h. auch dem Pearson-Konzept liegt die Reaktivität von Elektronenpaardonatoren und Elektronenpaarakzeptoren zugrunde.

Das Konzept unterscheidet zwischen *harten* und *weichen* Basen sowie zwischen *harten* und *weichen Säuren*:

– *Hart* sind Atome, Ionen oder Moleküle mit einer hohen Ladungsdichte, einer hohen Ladung im Verhältnis zu einem kleinen Radius. Außerdem sind sie kaum polarisierbar (deformierbar).
– *Weich* sind Teilchen mit geringer Ladungsdichte und großer Polarisierbarkeit.

Für die Gruppe der Halogene bedeutet diese Einteilung: Das *Fluorid-Ion* ist mit kleinem Radius eine harte Base, das *Iodid-Ion* mit großem Radius eine weiche Base.

Nach der Theorie sollten harte Basen mit harten Metall-Ionen bzw. weiche Basen mit weichen Säuren stabile Verbindungen bilden. Ein klassisch harte Säure ist das Proton, ein harte Base das Fluorid-Ion.

Die Anwendbarkeit zeigt das Beispiel der Silberhalogenide: Das Silber-Kation als weiche Säure bildet mit einer weichen Base wie dem Iodid-Anion eine stabile, schwerlösliche Verbindung, weniger in Wasser löslich als das leicht lösliche Silberfluorid.

Umland bezeichnet das *Pearson-Konzept* im Hinblick auf ein *Ordnungsprinzip der charakteristischen Reaktionen* als sehr zweckmäßig. Es lassen sich auf einfache Weise Zusammenhänge mit der periodischen System der Elemente herstellen. So nimmt die Härte der EPA in den Hauptgruppen von oben nach unten und von rechts nach links ab:

härter $Li^+ > Na^+ > K^+ > Rb^+ > Cs^+$ weicher

härter $P^{V+} > Si^{IV+} > Al^{3+} > Mg^{2+} > Na^+$ weicher
(Römische Ziffer bedeutet Oxidationszahl/Wertigkeitsstufe, arabische Ziffer bedeutet Ionenladung.)

Es gelten folgende weitere Regeln:

- *Weiche Säuren* sind Kationen vor allem der Nebengruppen des periodischen Systems der chemischen Elemente (PSE). Ionen mit nicht aufgefüllter Edelgasschale sind sehr leicht deformierbar. Bei einem Element mit mehreren möglichen Wertigkeitsstufen stellt das in der höchsten Oxidationsstufe die härtere Säure dar. Beispiele: härter $Mn^{VII} > Mn^{VI} > Mn^{IV} > Mn^{3+} > Mn^{2+} > Mn^{\pm 0}$ weicher
    härter $Fe^{3+} > Fe^{2+} > Fe^{\pm 0}$ weicher.
- Die *Härte der Basen* (EPD) nimmt im PSE von oben nach unten (s. Halogene) und von rechts nach links ab: härter $F > O > N > C$ weicher.

Aus einem Vergleich von bekannten *Komplexbildungskonstanten* und *Löslichkeitsprodukten* lässt sich eine sehr einfache Regel ableiten, die Umland als *Substrat-Regel* bezeichnet:

- Stabile Substrate – Komplexe oder schwerlösliche Verbindungen – erhält man bei der Reaktion zwischen *harten EPA* und *harten* EPD oder zwischen *weichen EPA* und *weichen EPD*.
- Bei Verbindungen aus harten EPA und harten EPD liegen vorwiegend *Ionenbindungen* vor.
- Bei Verbindungen aus weichen EPA und weichen EPD weisen die Bindungen einen hohen kovalenten Anteil (*Atombindung*) auf.

Mit der Substratbildungsregel lassen sich auch *Liganden-* oder *Donator-Verdrängungen* erklären, wie das folgende Beispiel zeigt. Hydratisierte Kupfer-Ionen werden beim Zusatz von Ammoniak in den tiefblauen Kupfertetrammin-Komplexe umgewandelt (s. Versuch Nr. 57):

$$[Cu(H_2O)_4]^{2+} + 4\,NH_3 \rightarrow [Cu(NH_3)_4]^{2+} + 4\,H_2O$$

Nach der Substratbildungsregel verdrängt ein weicherer EPD einen härteren aus einem Substrat mit einem weichen EPA. O ist härter als N (s. o.), Cu^{2+} ein relativ weicher EPA.

Härtere EPA wie Fe^{3+}-Ionen dagegen reagieren in Wasser nicht auf die gleiche Weise mit Ammoniak; sie bilden infolge der Hydrolyse von Ammoniak mit Wasser zu Ammonium-Ionen und Hydroxid-Ionen das Eisen(III)-hydroxid.

Trotz dieser Beispiele für die Richtigkeit bzw. Anwendbarkeit des Pearson-Konzeptes versagt es in den Fällen, in denen konkurrierende Effekte überwiegen, etwa die Hydratation eines Ions, wodurch sich die Ladungsdichte ändert, oder Stabilisierungen durch Mesomerie.

Literatur

Adler, Jeremy: »*Eine fast magische Anziehungskraft.*« Goethes »Wahlverwandtschaften« und die Chemie seiner Zeit, C. H. Beck, München 1987.

Arrhenius, Svante: *Die Chemie und das moderne Leben*, Akad. Verlagsges., Leipzig 1922.

Asimov, Isaac: *Kleine Geschichte der Chemie. Vom Feuerstein bis zur Kernspaltung*, Goldmann, München 1963.

Beythien, A., Ernst Dreßler (Hrsg.): Merck's Warenlexikon für Handel, Industrie und Gewerbe, G.A. Gloeckner, Verlag für Handelswissenschaft, Leipzig 1920.

Brockhaus Bilder-Conversations-Lexikon für das Deutsche Volk. *Ein Handbuch zur Verbreitung gemeinnütziger Kenntnisse und zur Unterhaltung. In vier Bänden.* F. A. Brockhaus, Leipzig 1837–1841.

Butenuth, J. und G. Scharf: »Das Experiment: Kinetik der Mutarotation: Demonstration des Massenwirkungsgesetzes«, *ChiuZ* **8** (1974), Nr. 4, 121–124.

Hauthal, Hermann G., G. Wagner (Hrsg.): *Reinigungs- und Pflegemittel im Haushalt. Chemie, Anwendung, Ökologie und Verbrauchersicherheit*, Verlag für chemische Industrie II. Ziolkowsky GmbH, Augsburg 2003.

Hofmann, Helmut u. Gerhart Jander: *Qualitative Analyse*, de Gruyter, 4. Aufl., Berlin 1972.

Hollemann, A. F. und E. Wiberg: *Lehrbuch der Anorganischen Chemie* (1. Aufl. 1900), 102. Aufl. (N. Wiberg), de Gruyter, Berlin 2007.

Johnston's Chemie des täglichen Lebens (Bearb. Fr. Dornblüth), Verlag Karl Krabbe, Stuttgart, 3. Aufl. 1887.

Krätz, Otto: *Faszination Chemie – 7000 Jahre Kulturgeschichte der Stoffe und Prozesse*, Callwey, München 1990.

Kunze, U. R. und G. Schwedt: *Grundlagen der quantitativen Analyse*, 6. Aufl., Wiley-VCH, Weinheim 2009.

Lorscheid, J.: *Lehrbuch der anorganischen Chemie mit einem kurzen Grundriß der Mineralogie.* Elfte Auflage bearb. von H. Hovestadt, Herdersche Verlagsbuchhandlung, Freiburg 1887.

Merck, Klemens: *Neuestes Waaren-Lexikon für Handel und Industrie*, Verlag Rudolf Loes, Leipzig 1870.

Muspratt's theoretische, praktische und analytische Chemie, in Anwendung auf Künste und Gewerbe (Hrsg. F. Stohmann), Verlag Schwetschke + Sohn, Braunschweig, 2. Band, 2. Aufl. 1866.

Neumüller, Otto-Albrecht: *Duden. Das Wörterbuch chemischer Fachausdrücke*, Bibliographisches Institut & F. A. Brockhaus, Mannheim 2003.

Ostwald, W.: *Die wissenschaftlichen Grundlagen der analytischen Chemie. Elementar dargestellt*, 7. Aufl., Steinkopff, Dresden und Leipzig 1920.

Ostwald, W.: *Einführung in die Chemie*, Franckh, Stuttgart, 4. Aufl. 1922.

Pötsch, Winfried R., Annelore Fischer, Wolfgang Müller: *Lexikon bedeutender Chemiker*, Verlag Harri Deutsch, Thun und Frankfurt am Main 1989.

Schwedt, G., L.M. de Carvalho: »Zur Analytik des reduktiven Bleichmittels Dithionit«, *CLB Chemie in Labor und Biotechnik* **52** (2001) 57–59.

Schwedt, G.: »Historische Stätten der Chemie. Leipzig und Großbothen«, *ChiuZ* **43** (2009), 250–252.

Schwedt, Georg: *Chemie und Supermarkt – Informationen zum Einkauf*, Aulis Verlag Deubner, Köln 2006; Kap. 2: Anorganische Säuren, Basen und Salze – nicht alle zum Verzehr bestimmt.

Schwedt, Georg: »Chemie zwischen Magie und Wissenschaft«. *Ex Bibliotheca Chymica 1500–1800*, VCH Verlag, Weinheim 1991.

Schwedt, Georg: *Chemische Experimente in Schlössern, Klöstern und Museen. Aus Hexenküche und Zauberlabor*, 2. Aufl., Wiley-VCH, Weinheim 2009; Kap. 9: Chemische Experimente rund um das Salz.

Seel, Fritz: *Grundlagen der analytischen Chemie unter besonderer Berücksichtigung der Chemie in wässrigen Systemen*, Verlag Chemie, Weinheim, 4. Aufl. 1970.

Stöckhardt, J. A.: *Die Schule der Chemie oder Erster Unterricht in der Chemie, versinnlicht durch einfache Experimente. Zum Schulgebrauch und zur*

Selbstbelehrung, insbesondere für angehende Apotheker, Landwirthe, Gewerbtreidende etc., 10. Aufl., Vieweg, Brauschweig 1858.

Strube, Wilhelm: *Der historische Weg der Chemie*, VEB Deutscher Verlag für Grundstoffindustrie, Leipzig 1989.

Szabadváry, Ferenc: *Geschichte der Analytischen Chemie* (bearb. von Günther Kerstein), Vieweg, Braunschweig 1966.

Tobe, Martin L.: *Reaktionsmechanismen der Anorganischen Chemie*, Verlag Chemie, Weinheim 1976.

Umland, Fritz: *Charakteristische Reaktionen anorganischer Stoffe. Studienbuch für Studierende der Chemie ab 1. Semester*, Akad. Verlagsges., Frankfurt am Main 1975.

Wagner, Günter: *Waschmittel. Chemie, Umwelt, Nachhaltigkeit*, Wiley-VCH, Weinheim, 3. Aufl. 2005.

Walden, Paul: *Geschichte der Chemie*, Univ.-Verlag, Bonn 1947.

Wittstein, Georg Christian: *Vollständiges etymologisch-chemisches Handwörterbuch*, Band II, Joh. Palm's Hofbuchhandlung, München 1847.

Wurm, Heinrich: *Warenkunde für den Seifen-, Parfümerien- und Bürstenhandel*, Ferdinand Holzmann Verlag, Hamburg 1950.

Register

a

Acetatokomplexe, Eisen 135
Affinität, chemische 1
Albertus Magnus 1
Ammoniak 41, 63 f
Ammoniumcarbonat, Zersetzung 66
Amylasen 140
Anthocyane, als Säure-Base-Indikatoren 37
Anthocyanfarbstoff, Rubrobrassin 22 ff
Antibase 28
Antichlor 122 f
Antisäure 28
Aqua-Komplex 129 f
Ascorbinsäure, Reduktionsmittel 103
Austauschprozesse 100 f
Autokatalyse 7

b

Backpulver 48
–, Gleichgewichtsverschiebung 10 f
Backtriebmittel 48
Badesalz 49
–, Totes-Meer- 51
Basen, Lewis- 30
–, Freisetzung 63
–, harte 146
–, weiche 146
Becher, Johann Joachim 96
Benzin, Iod, Verteilung 93 f
–, Lösemittel 90
–, Mischbarkeit mit Spiritus 90 f
Berthollet, Claude Louis 57, 120
Berzelius, Jöns Jacob 138
Bjerrum, Niels Janniksen 28
Black, Joseph 56
Boerhaave, Hermann 98
Boyle, Robert 26
Braunstein 104
Brausetabletten, Calcium- 77
Bromid 52
Brönsted, Johannes Nicolaus 28
Buchner, Eduard 138
Bunsen, Robert 1

c

Calcination (Calcinierung) 44
Calcium-Brausetabletten 77
Calciumcarbonat, Fällung 69 f
–, Löslichkeit 69
Calciumkomplexe 136 f
Calciumsulfat, Löslichkeit 69
Carotinoide, Verteilung 94 f
Cavendish, Henry 55, 58
Cellulasen 143 f
Chlor 4, 115 ff
–, Bildung 116
–, Disproportionierung 116
–, Oxidation von Eisen(II)-Ionen 118 f
Chlorbleiche 117
Chloreiniger, Isocyanursäuren 119
Chlorkalk 116
Chlorophyll, Verteilung 94 f
Chlorreiniger 118 f
Chlorwasser 117 f
Chromophorentheorie, Säure-Base-Indikatoren 36
Citronensäure, Kupferkomplex 132
–, Löslichkeit 89

d

Davy, Humphrey 26, 57
Dephlogistierung 97
Diamminkomplex, Silber 133
Dielektrizitäskonstante 86
Disperses System 62
Disproportionierung, Chlor 116
–, Iod 106 f
Dissoziation, elektrolytische 26, 30
Dithionit 107 f
–, Reduktion von Permanganat 108 f
–, Reduktion von Silber-Ionen 110
Doppelsalze 47

e

Eau de Javelle 120, 122
Eigen, Manfred 16
Eisen(II)-Ionen, Oxidation 114
– –, mit Chlor 118 f

– –, mit Permanganat   125 f
Eisen, Acetatokomplexe   135
–, Komplexchemie   134 ff
Eisenhydroxid   78 f
Eisen-Ionen, Redoxreaktionen   124 f
Eisenoxide   2
Elektronakzeptor   101
Elektronendonator   101
Enzyme   138 ff
Essigsäure   33 ff

f
Fällung   67 f
–, Calciumcarbonat   69 f
Fällungen – mit Soda   73 f
–, Silber   81 ff
Fällungsreaktionen   67 ff
Ferment   138
Fischer, Emil   138
Fleckenreiniger, reduzierend   106 f
Fleckensalze   50
Flüchtigkeit, Säuren   38
Fontana, Felice   58
Frankland, Edward   100
Freisetzung, Basen   63

g
Gase, Entdeckungen   54 ff
Gasentwicklungen   54 ff
Gay-Lussac, Joseph Louis   123
Gelatine, Abbau durch Proteasen   141 f
Gips   70
Gleichgewichte, chemische   7 ff
Goethe, Wahlverwandtschaften   71 ff
Guldberg, Cato Maximilian   1

h
Härtebildner   74 f
Härtegrade, Wasser   74 f
Helmont, Baptista van   54
Hirschhornsalz   45, 49, 66
Höllenstein   81
Hydrosulfitküpe   110
Hypochlorit   116
Hyposulfit   121

i
Indigokarmin, Reduktion   109 f, 112
Indigo-Küpenfarbstoff, Oxidation   114 f
Indikatoren, Säure-Base-   35 f
– –, Theorie   36 f
Iod, Disproportionierung   106 f

–, Reduktion   105 f
–, Verteilung Spiritus/Benzin   93 f
Iod-Stärke-Gleichgewicht   13 f
Iod-Stärke-Komplex, Reduktion   105 f
Ionenreaktionen   16 ff
–, Rubrobrassin   22
Ionenwertigkeit   101
Isocyanursäuren, Chlorreiniger   119

j
Jaubert, Georg Francois   123

k
Kalk-Kohlensäure-Gleichgewicht   12 f
Kalkseifen   83 f
Kant, Immanuel   97
Kohlensäure   39 f
–, Freisetzung   37 f
Kohlenstoffdioxid   31
–, Freisetzung   61
–, im Schaum   62
Komplex, Säure-Base-   30
Komplexbildner, Thioharnstoff   134
Komplexchemie   129 ff
–, Silber   130 f
Koordinationsverbindung   129
Kopp, Hermann   6
Kossel, Walther   100, 129
Kraft, chemische   2
Kräutersalze   48
Kristallbildung   87
Kupfer, Komplex mit Citronensäure   132
–, Komplex mit Weinsäure   132
–, Komplexchemie   130 f
–, Tetramminkomplex   131
Kupfercarbonat, basisches   80 f

l
Laugen   40 ff
Lavoisier, Antoine Laurent   99
Leukindigo   110
Lewis, Gilbert Newton   30, 100
Lewis-Base   30
Lewis-Säure   30
Liebknecht, Otto   123
Lipasen   142 f
Lösemittel   85 ff
–, aprotische   87
–, Benzin   90
–, organische   86 f
– –, Mischbarkeit mit Wasser   89 f
–, Spiritus   90
–, Theorie   85 f

Löslichkeit 67 f
–, Calciumcarbonat 69
–, Calciumsulfat 69
–, Citronensäure 89
–, organische Säuren 91 f
–, Wasser–, Salze 51
Löslichkeitsprodukt 68
Lösungen, Theorie der 27 f
Lösungsvorgänge 85 ff
Lösungswärme 88
Lowry, Thomas Martin 28

m
Mangan(II)-Ionen, Oxidation 113
– –, mit Chlor 119 f
Mangandioxid 104
Massenwirkung 7 ff
Massenwirkungsgesetz 6
Menten, Maud Leonora 139
Michaelis, Leonor 139
Michaelis-Menten-Konstante 139
Mineralwasser, sprudelndes 60
Mischbarkeit, Benzin/Spiritus 90 f
–, Wasser/organische Lösemittel 89 f

n
Natriumhydroxid 40 f
Natron 43 f, 48
–, thermische Zersetzung 65
Nernst'sche Gleichung 127
Neutralisation 16 ff
–, Essigsäure 35
Normalpotenzial 127

o
Ostwald, Wilhelm 5, 7, 26
Ostwald'sche Stufenregel 7
Ostwald'sches Verdünnungsgesetz 7
Oxidation 99
–, Eisen(II)-Ionen 114
– –, mit Permanganat 125 f
–, Indigo-Küpenfarbstoff 114 f
–, Mangan(II)-Ionen 113
Oxidationsmittel 100
Oxidationszahl 101

p
Paracelsus 54, 96
Pauling, Linus 129
Pearson, Ralph G. 146
Pearson-Konzept 145 ff
Perborat 123
Percarbonat 112 f

Permanganat 103 ff
–, Oxidation von Eisen(II)-Ionen 125 f
–, Reduktion durch Dithionit 108 f
–, Reduktion durch Wasserstoff 111
Peroxosulfat 123
Peroxo-Verbindungen 112 f
Persil 120
Phasenübergang 68
Phlogistierung 97
Phlogiston 96 f
Phlogistontheorie 97 f
pH-Wert 28
pK_s-Werte 31
Pottasche 42 f, 49
Priestley, Henry 55
Proteasen 141 f
–, Gelatineabbau 141 f
Protolyse 29
Protonenakzeptor 28
Protonendonator 28

r
Ramsey, William 58
Rasenbleiche 121
Reaktionsgeschwindigkeit 15 f
Redoxamphoter 101
Redoxreaktionen, mit Eisen-Ionen 124 f
Redoxvorgänge 100
Reduktion 99
–, Indigokarmin 109 f
–, Iod 105 f
–, Iod-Stärke-Komplex 105 f
–, Permanganat 103 ff
–, Silber-Ionen 106, 127 f
–, Eisen(III)-Ionen 126
Reduktionsmittel 100
–, Ascorbinsäure 103
Ringöffnung, Rubrobrassin 23
Ritter, Johann Wilhelm 127
Rohrreiniger 40
Rubrobrassin, Ionenreaktion 22
–, Ringöffnung 23 f
Rutherford, Daniel 56

s
Salmiakpastillen 64
Salze 45 ff
–, Bade- 49
–, basische 47
–, Doppel- 47
–, Flecken- 50
–, gemischte 47
–, Kräuter- 48

–, saure   47
–, thermische Zersetzung   53
–, Wasserlöslichkeit   51
Sättigungskonzentration   68
Sauerstoff, Oxidationen mit   112 ff
Säure, Lewis-   30
Säure-Base-Begriffe   28 ff
Säure-Base-Indikatoren, Anthocyane   37
Säure-Base-Komplex   30
Säure-Base-Paar, korrespondierend   29, 31
Säure-Base-Reaktionen, Redoxvorgänge   100
Säure-Base-Theorien   25 ff
Säuren, Flüchtigkeit   38
–, harte   146
–, in Alltagsprodukten   32
–, organische, Löslichkeit   91 f
–, weiche   146
Schaum, Kohlenstoffdioxid im   62
Scheele, Carl Wilhelm   56
Schlüssel-Schloss-Prinzip   138
Seel, Friedrich   67
Seife   42 f
–, Kalk-   83
Sennert, Daniel   96
Silber   81 f
–, Diamminkomplex   133
–, Komplexchemie   130 f
–, Thioharnstoff-Komplex   134
Silber-Gold-Bad   134
Silber-Ionen, Reduktion   106, 127
– –, mit Dithionit   110
Soda   42 f
–, Fällungen mit   73 f
–, Wasch-   40
Solvatation   87 f
Sonnenblumenöl, Abbau durch Lipasen   142 f
Sörensen, Sören Peter Laurits   28
Spannungsreihe, elektrochemische   127
Speisesalze   45 f
Spiritus, Iod, Verteilung   93 f
–, Lösemittel   90
–, Mischbarkeit mit Benzin   90 f
Stahl, Georg Ernst   97
Stärkeabbau, Amylasen   140 f
Stöckhardt, Julius Adolph   1 f
Sumner, James B.   139
System, disperses   62

t

Tachenius, Otto   25
Temperatursprungverfahren   21
Tennant, Charles   120
Tetramminkomplex, Kupfer   131
Thenard, Louis   123
Thioharnstoff   134
Thiosulfat   121
Titration, Essigsäure   34
Totes Meer, Badesalz   51
Traube, Fritz   138
Trinkwasser   74

u

Umland, Fritz   145
Urease   139

v

Van't Hoff, JacobusHenricus   26
Verbrennung   98
Verküpung   110
–, Carotinoide   94 f
–, Chlorophyll   94 f
–, Iod, Spiritus/Benzin   93 f
Verwandtschaft, chemische   1
–, Säuren/Basen   6

w

Waage, Peter   1
Wahlverwandtschaft   4
–, Goethe   71 ff
Walden, Paul   97 f
Waschsoda   40
Wasserhärte   74 f
Wasserlöslichkeit, Salze   51
Wasserstoff, Reduktionen mit   110 ff
Weinsäure, Kupferkomplex   132
Werner, Alfred   129
Wertigkeit   100
–, elektrochemische   101
–, Ionen-   101
–, stöchiometrische   101

z

Zersetzung, thermische   64 f
– –, Salze   53

www.ingramcontent.com/pod-product-compliance
Lightning Source LLC
LaVergne TN
LVHW080313260326
834688LV00038B/1103